高等职业教育土建类“十四五”规划教材

建筑工程基本技能实训

JIANZHU GONGCHENG IBEN JINENG SHIXUN

主 编 张洪波 王磊

華中科技大學出版社
http://press.hust.edu.cn
中国 · 武汉

内容简介

本书依据《建筑工程施工质量验收统一标准》(GB 50300—2013)、《建筑施工脚手架安全技术统一标准》(GB 51210—2016)、《建筑施工模板安全技术规范》(JGJ 162—2008)、《混凝土结构工程施工规范》(GB 50666—2011)、《混凝土结构工程施工质量验收规范》(GB 50204—2015)、《砌体结构工程施工质量验收规范》(GB 50203—2011)、《建筑装饰装修工程质量验收标准》(GB 50210—2018)等规范编写而成,该书系建筑工程技术专业实训教材。

全书内容主要包括脚手架搭设工艺实训、模板搭设工艺实训、钢筋工艺实训、砌筑工艺实训、抹灰工艺实训等。全书内容通俗易懂,深入浅出,读者通过理论学习和实训后,能快速掌握建筑工程施工基本技能。

本书注重培养技术型应用人才,吸收了建筑工程技术与管理的新成果,密切联系实际工程。本书适合作为高职高专建筑工程技术专业、工程监理专业、工程管理专业、工程造价专业等土建类专业和应用型本科土建类专业的实训教学用书,也可作为相关专业及岗位培训教材或供土建工程有关技术、管理人员学习参考。

图书在版编目(CIP)数据

建筑工程基本技能实训/张洪波,王磊主编.—武汉:华中科技大学出版社,2023.1
ISBN 978-7-5680-9018-6

Ⅰ.①建… Ⅱ.①张… ②王… Ⅲ.①建筑工程-教材 Ⅳ.①TU

中国国家版本馆 CIP 数据核字(2023)第 005532 号

建筑工程基本技能实训
Jianzhu Gongcheng Jiben Jineng Shixun

张洪波 王 磊 主编

策划编辑:康 序
责任编辑:段亚萍
封面设计:孢 子
责任监印:朱 玢
出版发行:华中科技大学出版社(中国·武汉) 电话:(027)81321913
武汉市东湖新技术开发区华工科技园 邮编:430223
录 排:武汉创易图文工作室
印 刷:武汉科源印刷设计有限公司
开 本:787mm×1092mm 1/16
印 张:5.25
字 数:121 千字
版 次:2023 年 1 月第 1 版第 1 次印刷
定 价:45.00 元

前言 Preface

本书是一本介绍建筑工程技术专业领域基本技能实操应用型教材，是编者多年教学和实践经验的总结与升华。本书融入了目前建筑工程中的新规范、新标准、新技术，具有较强的实操性、技能性、应用性和先进性。教材按项目模式进行编写，注重学以致用，深入浅出。结合具体项目的具体施工，突出专业的知识和技能。本书符合“双高”建设核心任务中提出的，坚持工学结合、知行合一，加强学生认知能力、合作能力、创新能力和职业能力，培养和打造技术技能型人才的要求。本书将课程思政融入教学，通过实训将爱国主义精神、理想信念教育与个人价值实现相结合；将法治精神与严把工程建设质量观念相结合；将劳动教育与项目任务实施相结合，培养学生良好的职业道德和强烈的社会责任感。

本书由江苏建筑职业技术学院张洪波、王磊主编。具体编写分工：实训须知、项目 1、项目 2、项目 3 由张洪波编写，项目 4、项目 5 由王磊编写。本书可作为高职高专建筑工程技术专业基本技能实训教材，也可作为教师学习建筑工程基本技能实训的参考教程。

本书编写过程中得到了江苏建筑职业技术学院姜艳霞教授和郭东芹老师的悉心指导，同时参考了行业标准、规范和相关课程、论文，在此向有关作者表示衷心的感谢！由于编者水平有限，书中难免有疏漏和不当之处，恳请各位读者批评指正，以便修订时改进。

编　者

2022 年 1 月

目录

Contents

实训须知

SHIXUN XUZHI

0.1 实训目的

1. 培养学生专业实操能力

“建筑工程基本技能实训”是建筑工程技术及相关专业教学计划中的重要组成部分。它是以实际操作为主，重在培养学生的实际操作能力。目的是让学生通过现场施工操作，获得一定的施工技术实践知识和生产技能操作体验，同时也获得一定的职业体验，培养职业素质，也为后续课程或项目学习打下一定的基础，更为今后的工作、创新、实践提供支撑，它为实现培养建筑行业的工匠目标起着重要的作用。

2. 培养学生专业学习能力

基本技能实训是学生以具体操作人员和现场技术管理人员的身份参加现场施工和工作，在实训中应深入施工现场，认真学习，获取直接知识，巩固所学理论，完成实训指导老师所布置的相应工作任务，培养和锻炼独立分析问题和解决问题的能力，培养团队协作能力。

3. 培养学生爱岗敬业精神

基本技能实训是重要的实践性教学环节，学生通过参加实训，学习主要专业工种如砌筑工、抹灰工、钢筋工、模板工、架子工等的施工工艺和操作技术，获得对本专业的感性认识，同时通过劳动的锻炼来培养学生的劳动观念，并养成良好的工作习惯。

0.2 实训要求

1. 安全教育

(1)安全生产基本法律法规和安全生产常识。

(2)实训期间安全技术交底(每人必备安全帽、手套)。

(3)实训期间严格听从指导教师安排，安全完成实训项目。

(4)正确使用工具，避免受到伤害。

(5)着装要求：长袖上衣，长裤，运动鞋。

(6)实训期间严格遵守实训纪律，不打闹，不玩手机、不听音乐，不吃零食，不吸烟，不迟到、不早退，不旷课。

2. 分组

(1)一个班级分成几个小组，每组成员 5～7 人，选出组长，负责小组成员考勤、借领和归还工具。

(2)实训开始前，小组成员认真研讨实训项目，学习相关资料，明确实训内容和要求。

(3)实训过程中，组长负责组织和协调小组成员工作，进行安全施工。

3. 思想政治教育

(1)学生要明确实训的目的和意义，重视并积极自觉参加实训；

(2)实训期间，小组成员团结协作，互相督促、互相帮助，人人动手，不怕脏，不怕累，共同完成实训任务；

(3)学生对待工作应一丝不苟，热爱劳动，严格按规范要求操作，精益求精，养成文明施工的好习惯；

(4)实训过程需谦虚、谨慎、刻苦、好学，爱护国家财产，遵守学校及施工现场的规章制度；

(5)服从指导教师的安排，同时每个同学必须服从本组组长的安排和指挥。

0.3 实训工具及材料领取

1. 领取要求

实训期间组长负责借出实训项目所需工具，带领本组成员领取实训项目所需材料。

2. 使用要求

实训期间工具要妥善保管，每组安排专人负责，小组之间不得私自调换或转借他人使用。

3. 归还要求

实训项目结束后，组长负责归还工具，并将材料摆放规整。

0.4 实训日志和报告

1. 实训日志

实训日志是学生积累学习收获的一种重要方式，也是考核成绩的重要依据，学生应每天认真记录工作情况、心得体会和工作中发现的问题。为了帮助学生记好日志，提出如下几点要求：

(1)记录每天的工作内容，包括实训项目进度及完成情况；

(2)根据每天的工作情况认真做好资料积累工作，如结构特点、材料特性、施工方法及工作安排、施工进度计划等；

(3)认真记录实训的心得体会，日志每天不宜少于300字。

2. 实训报告

每个实训项目结束后要求提交实训报告，实训报告是成绩考核的重要依据，实训报告应包括实训内容、技术总结、技术资料以及所学到的知识。报告内容除文字外，还应有必要的插图和表格，同时应记录思想方面的收获。要求字数不少于1000字。

0.5 实训成绩评定

1. 实训成绩评定依据

实训成绩评定内容包括实训态度、实训成果及实训过程中的操作等几部分，分别由学生自评、小组评价及教师评价等(见表0-1)。

表0-1 实训成绩评定表

内容	权重	评价
个人在实训中的表现	10%	小组评价、教师评价
实训日志	10%	个人资料评价
实训报告	20%	个人资料评价
实训操作	60%	小组评价

2. 实训成绩等级

实训成绩按五级制评定：优、良、中、及格、不及格。

项目1

脚手架搭设工艺实训

JIAOSHOUJIA DASHE GONGYI SHIXUN

脚手架是施工现场为工人操作并解决垂直和水平运输而搭设的一种临时性的建筑工具。宽度应满足工人操作、材料堆置和运输的需要，脚手架的宽度一般为1.5～2.0 m，并保证有足够的强度、刚度和稳定性，构造简单、装拆方便并能多次周转使用。

其主要用在外墙、内部装修或层高较高无法直接施工的地方，主要用于施工人员上下干活或外围安全网维护及高空安装构件等。随着建筑施工技术的发展，脚手架的种类也愈来愈多。从材质上说，有竹、木和钢管脚手架，钢管脚手架又分扣件式、碗扣式、承插式等；按搭设的立杆排数，又可分单排架、双排架和满堂架；按搭设的用途，又可分为砌筑架、装修架；按搭设的位置可分为外脚手架和内脚手架。

任务1 落地式扣件式钢管脚手架搭设

1.1.1 实训目的

(1)了解建筑施工扣件式钢管脚手架安全技术规范；

(2)掌握双排扣件式脚手架的搭设施工；

(3)掌握双排扣件式脚手架的拆除施工；

(4)掌握搭设脚手架工具的正确使用方法；

(5)能正确使用检测工具进行检查验收。

落地式扣件式钢管脚手架是为建筑施工而搭设的、承受荷载的由扣件和钢管等构成的脚手架与支撑架，统称脚手架。可搭设成单排扣件式钢管脚手架(即只有一排立杆，横向水平杆的一端搁置固定在墙体上的脚手架)和双排扣件式钢管脚手架(即由内外两排立杆和水平杆等构成的脚手架，简称双排架)，如图1-1所示。

1.1.2 实训任务

搭设长6 m、高6 m、宽1.5 m的落地式扣件钢管脚手架，并要求双排、二步、四跨、有抛撑。

1.1.3 实训工具和材料

(1)工具：锤子、工程线、粉笔、扳手、钢卷尺等。

(2)材料：

①钢管：脚手架钢管应采用现行国家标准《直缝电焊钢管》(GB/T 13793—2016)或《低压流体输送用焊接钢管》(GB/T 3091—2015)中规定的Q235普通钢管，钢管的钢材质量应符合现行国家标准《碳素结构钢》(GB/T 700—2006)中Q235级钢的规定。脚手架钢管宜采用$\phi 48.3\times 3.6$钢管。每根钢管的最大质量不应大于25.8 kg。

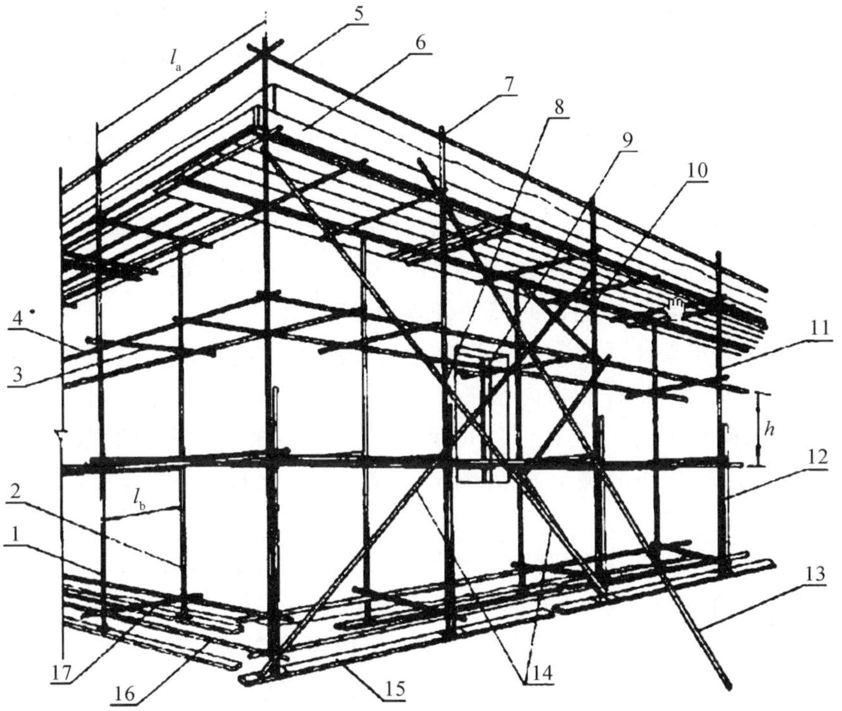

图 1-1 扣件式钢管脚手架各杆件位置

1—外立杆；2—内立杆；3—横向水平杆；4—纵向水平杆；5—栏杆；6—挡脚板；7—直角扣件；8—旋转扣件；9—连墙件；10—横向斜撑；11—主立杆；12—副立杆；13—抛撑；14—剪刀撑；15—垫板；16—纵向扫地杆；17—横向扫地杆

②扣件：扣件应采用可锻铸铁或铸钢制作，其质量和性能应符合现行国家标准《钢管脚手架扣件》(GB 15831—2006)的规定，采用其他材料制作的扣件，应经试验证明其质量符合该标准的规定后方可使用。扣件在螺栓拧紧扭力矩达到 65 N·m 时，不得发生破坏。

③脚手板：采用 1500×300 钢模板，冲压钢脚手板的材质应符号现行国家标准《碳素结构钢》(GB/T 700—2006)中 Q235 级钢的规定。

1.1.4 实训方法与步骤

(1)编写施工方案：各组独立编制施工方案，方案应有针对性，能有效地指导施工，明确安全技术措施，内容包括基础处理、搭设要求、杆件间距、工具的选择、材料数量的确定(见表 1-1)等。

表 1-1 材料数量

材料	外立杆	内立杆	横向水平杆	纵向水平杆	直角扣件
数量					

(2)团结协作：组长给组员分配工作，组员互相配合，目标一致，共同完成实训任务。

(3)安全措施:在脚手架搭设前,指导教师应按照方案结合现场作业条件进行细致的安全技术交底,施工人员正确穿戴安全帽、安全带和防滑鞋。

(4)施工工艺及技术措施:

①立杆基础:立杆基础应按方案要求平整、夯实,并应采取排水措施,立杆底部设置的垫板、底座应符合规范要求。

②搭设扫地杆:架体应在距立杆底端高度不大于 200 mm 处设置纵、横向扫地杆,并应用直角扣件固定在立杆上,纵向水平杆应设置在立杆内侧,横向扫地杆应设置在纵向扫地杆的下方。与立杆连接的扫地杆端距 150 mm。

③每搭设完一步架体后,应按规定校正立杆间距、步距、垂直度及水平杆的水平度。搭设第二步纵向水平杆和横向水平杆,横向水平杆应紧靠立杆用十字扣件与纵向水平杆扣牢。横向水平杆的主要作用是承受脚手板传来的荷载,增强脚手架横向刚度,约束双排脚手架里外两侧立杆的侧向变形,缩小立杆长细比,提高立杆的承载能力。

④根据实训任务要求,脚手架双排排距 1500 mm,跨距 1425 mm。

⑤脚手板:在第二步上搭设钢脚手板,应设置在三根横向水平杆上。当脚手板长度小于 2 m 时,可采用两根横向水平杆支承,但应将脚手板两端与其可靠固定,严防倾翻。脚手板的铺设应采用对接平铺。脚手板对接平铺时,接头处必须设两根横向水平杆,脚手板外伸长度应取 130～150 mm,两块脚手板外伸长度的和不应大于 300 mm,脚手板应铺满、铺稳、铺实。

⑥搭设腰杆:距脚手板 1.2 m 处设置一道腰杆,与立杆用扣件扣接。

⑦搭设抛撑:在脚手架中央搭设抛撑,钢管底部与地面固定物连接,与地面夹角小于 45°,钢管上部与立杆扣接。

⑧脚手架拆除:架体的拆除应从上而下逐层进行,严禁上下同时作业;同层杆件和构配件必须按先外后内的顺序拆除。

(5)检查验收。

指导教师检查架子的垂直度、步距、跨距、排距,最后填写表 1-2 给每组打出成绩。

表 1-2 扣件钢管脚手架搭设考核表

序号	检查项目	标准值/mm	标准分	评分标准	误差绝对值最大值	得分
1	小横杆间距	1425	20	每超过 2 mm 扣 1 分		
2	步距(量第一步)	1500	20	每超过 2 mm 扣 1 分		
3	小横杆端距	150	10	每超过 5 mm 扣 1 分		
4	立杆垂直度	0	20	每超过 3 mm 扣 1 分		
5	纵向扫地杆高度	200	20	每超过 2 mm 扣 1 分		
6	小横杆端头平齐度	0	10	每超过 4 mm 扣 1 分		
总分						

1.1.5 实训日志

实训日志

日期： 年 月 日 天气：

班级		组别	
姓名		实训内容	

1.1.6 实训报告

实训报告

班级		组别	
姓名		起止时间	
实训项目			

任务2 承插型盘扣式钢管脚手架搭设

1.2.1 实训目的

(1)了解承插型盘扣式钢管脚手架安全技术规范;

(2)掌握承插型盘扣式钢管支撑脚手架搭设工艺;

(3)掌握承插型盘扣式钢管支撑脚手架拆除要求;

(4)掌握搭设脚手架工具的正确使用方法;

(5)能正确使用检测工具进行检查验收。

承插型盘扣式钢管脚手架,根据使用用途可分为支撑脚手架和作业脚手架。立杆之间采用外套管或内插管连接,水平杆和斜杆采用杆端扣接头卡入连接盘,用楔形插销连接,能承受相应的荷载,并具有作业安全和防护功能的结构架体,简称脚手架(见图1-2)。承插型盘扣式钢管脚手架和扣件式钢管脚手架比较具有三大优势:一是安全水平高,即搭设过程更安全、验收环节更安全、使用过程更安全;二是文明施工水平高,即架体横平竖直,美观,耐腐蚀,没有零散配件;三是配套功能齐全,可搭设模板支架、外架、各类操作架、爬梯、安全通道等。

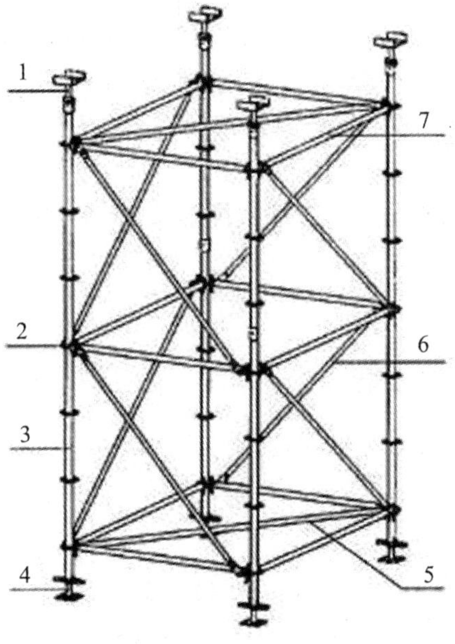

图1-2 承插型盘扣式钢管脚手架各杆件位置

1—可调托撑;2—盘口节点;3—立杆;4—可调底座;5—水平斜杆;6—竖向斜杆;7—水平杆

1.2.2 实训任务

搭设两步三列四跨承插型盘扣式钢管支撑脚手架。

1.2.3 实训工具和材料

(1)工具:锤子、工程线、粉笔、钢卷尺等。

(2)材料:

①立杆(2.5 米)不应低于 GB/T 1591 中 Q345 的规定。立杆连接盘采用碳素铸钢制造时,其力学性能应符合 GB/T 11352 中 ZG230-450 牌号的规定;采用圆钢热锻制造或钢板冲压时,其力学性能不应低于 GB/T 700 中 Q235 的规定。水平杆(1.5 米)和水平斜杆不应低于 GB/T 700 中 Q235 的规定。竖向斜杆不应低于 GB/T 700 中 Q195 的规定。

②可调托撑和可调底座的钢板的力学性能不应低于 GB/T 700 中 Q235 的规定;调节丝杆为空心时的力学性能不应低于 GB/T 699 中牌号为 20 钢的规定;调节丝杆为实心时的力学性能不应低于 GB/T 700 中 Q235 钢的规定。

③插销采用碳素铸钢制造时,其力学性能不应低于 GB/T 11352 中 ZG230-450 牌号的规定;采用圆钢热锻制造时,其力学性能不应低于 GB/T 699 中牌号为 45 钢的规定;采用钢板冲压时,其力学性能不应低于 GB/T 700 中 Q235 的规定。

④连接外套管采用碳素铸钢制造时,其力学性能应符合 GB/T 11352 中 ZG230-450 牌号的规定;外套管采用挤压工艺在内壁形成台阶式时,其力学性能不应低于 GB/T 700 中 Q235 的规定;外套管采用无缝钢管时,其力学性能不应低于 GB/T 1591 中 Q345 的规定。内插管采用无缝钢管或焊管,其力学性能不应低于 GB/T 700 中 Q235 的规定。

⑤扣接头采用碳素铸钢制造,其机械性能应符合 GB/T 11352 中 ZG230-450 牌号的规定。

1.2.4 实训方法与步骤

(1)编写施工方案:各组独立编制施工方案,方案应有针对性,能有效地指导施工,明确安全技术措施,内容包括基础处理、搭设要求、杆件间距、工具的选择、材料数量的确定(见表 1-3)等。

表 1-3 材料数量

材料	立杆	水平杆	水平斜杆	竖向斜杆	可调托撑
数量					

(2)团结协作:组长给组员分配工作,组员互相配合,目标一致,共同完成实训任务。

(3)安全措施:在脚手架搭设前,指导教师应按照方案结合现场作业条件进行细致的安全技术交底,施工人员正确穿戴安全帽、安全带和防滑鞋。

(4)施工工艺及技术措施:

①立杆基础:立杆基础应按方案要求平整、夯实,并应采取排水措施。

②支撑架立杆搭设位置应按专项施工方案放线确定,支撑架搭设应根据立杆放置可调底座,应按先立杆后水平杆再斜杆的顺序搭设,形成基本的架体单元,应以此扩展搭设成整体脚手架体系。

③应根据施工方案计算得出的立杆纵横向间距选用定长的水平杆和斜杆,并应根据搭设高度组合立杆、基座、可调托撑和可调底座。支撑架的高宽比宜控制在3以内,标准步距为1.5 m的支撑架,应根据支撑架搭设高度布置竖向斜杆。

④可调底座和可调托撑安装完成后,立杆外表面应与可调螺母吻合,立杆外径与螺母台阶内径差不应大于2 mm。

⑤盘扣节点由焊接于立杆上的连接盘、水平杆杆端扣接头和斜杆杆端扣接头组成,插销外表面应与水平杆和斜杆杆端扣接头内表面吻合,插销连接应保证锤击自锁后不拔脱,如图1-3所示。

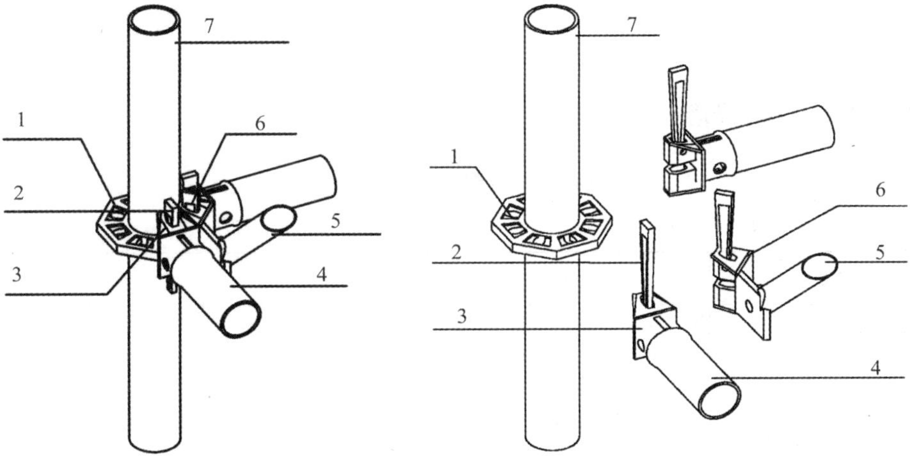

图1-3 盘扣节点

1—连接盘;2—扣接头插销;3—水平杆杆端扣接头;4—水平杆;
5—斜杆;6—斜杆杆端扣接头;7—立杆

⑥水平杆及斜杆插销安装完成后,应采用锤击方法抽查插销,连续下沉量不应大于3 mm。

⑦脚手架搭设完成后,立杆的垂直偏差不应大于支撑架总高度的1/500,且不得大于50 mm。

⑧脚手架拆除:拆除作业应按先装后拆、后装先拆的原则进行,应从顶层开始,逐层向下拆除,不得上下同时作业,不应抛掷。

(5)检查验收。

①基础应平整坚实,立杆与基础间应无松动、悬空现象,底座、支垫应符合规定;

②搭设的架体要稳固,搭设方法和斜杆、剪刀撑等设置应符合规定;

③可调托撑和可调底座伸出水平杆的悬臂长度应符合规定;

④水平杆扣接头、斜杆扣接头与连接盘的插销应销紧。

经指导教师检查最后填写表 1-4 给每组打出成绩。

表 1-4　承插型盘扣式钢管支撑脚手架搭设考核评分表

序号	检查项目	标准值/mm	标准分	评分标准	检查结果	得分
1	立杆悬空	无	20	一根扣 2 分		
2	托撑伸出长度	150	20	每超过 2 mm 扣 2 分		
3	底座伸出长度	200	20	每超过 2 mm 扣 2 分		
4	插销有无销紧	无	20	一处扣 2 分		
5	步距	1500	20	超过扣 10 分		
总分						

1.2.5　实训日志

实训日志

日期：　　年　　月　　日　　　　　　　　　　　　天气：

班级		组别	
姓名		实训内容	

1.2.6 实训报告

实训报告

班级		组别	
姓名		起止时间	
实训项目			

任务 3　门式钢管脚手架搭设

1.3.1　实训目的

(1)了解门式钢管脚手架安全技术规范;
(2)掌握门式钢管作业脚手架搭设工艺;
(3)掌握门式钢管作业脚手架拆除要求;
(4)掌握搭设脚手架工具的正确使用方法;
(5)能正确使用检测工具进行检查验收。

门式钢管脚手架是以门架、交叉支撑、连接棒、水平架锁臂、底座等组成基本结构,再以水平加固杆、剪刀撑、扫地杆加固,能承受相应荷载,具有安全防护功能,为建筑施工提供作业条件的一种定型化钢管脚手架,包括门式作业脚手架和门式支撑架,简称门式脚手架,如图 1-4 所示。

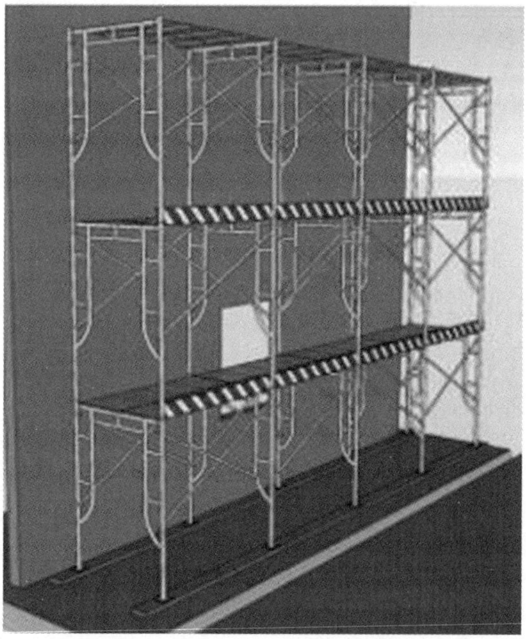

图 1-4　门式脚手架整体效果图

1.3.2　实训任务

搭设一列两步四跨门式作业钢管脚手架。

1.3.3 实训工具和材料

（1）工具：锤子、工程线、粉笔、钢卷尺等。

（2）材料：

①门架：门式脚手架的主要构件，其受力杆件为焊接钢管，由立杆、横杆、加强杆及锁销等相互焊接组成的门字形框架式结构件。

②连接棒：用于门架立杆竖向组装的连接件，用短钢管制作。

③交叉支撑：两榀相邻门架纵向连接的交叉拉杆。

④锁臂：门架立杆组装接头处的拉结件，其两端有圆孔挂于上下榀门架的锁销上。

⑤锁销：用于门架组装时挂扣交叉拉杆和锁臂的锁柱，以短圆钢围焊在门架立杆上，其外端有可旋转 90°的卡销。

⑥挂扣式脚手板：两端设有防松脱的挂钩，可紧扣在两榀门架横杆上的定型钢制脚手板。

⑦水平架：两端设有防松脱的挂钩，可紧扣在两榀门架横梁上的定型水平构件。

⑧底座：安插在门架立杆下端，将力传给基础的构件，分为可调底座和固定底座，又称底托、底撑。

⑨加固杆：用于增强脚手架刚度而设置的杆件，包括剪刀撑、水平加固杆、斜撑杆、扫地杆。

1.3.4 实训方法与步骤

（1）编写施工方案：各组独立编制施工方案，方案应有针对性，能有效地指导施工，明确安全技术措施，内容包括基础处理、搭设要求、杆件间距、工具的选择、材料数量的确定（见表 1-5）等。

表 1-5 材料数量

材料	门架	剪刀撑	水平加固杆	斜撑杆	扫地杆	挂扣式脚手板
数量						

（2）团结协作：组长给组员分配工作，组员互相配合，目标一致，共同完成实训任务。

（3）安全措施：在脚手架搭设前，指导教师应按照方案结合现场作业条件进行细致的安全技术交底，施工人员正确穿戴安全帽、安全带和防滑鞋。

（4）施工工艺及技术措施：

①架体基础必须平整坚实，采用排水措施。基础上应先弹出门架立杆位置线，垫板、底座安放位置应准确。底步门架的立杆下端应设置固定底座或可调底座（直径不

小于 35 mm,伸出长度不大于 200 mm)。

②门架的组装应自一端向另一端延伸,应自下而上按步架设,并应逐层改变搭设方向,每搭设完两步门架后,应校验门架的水平度及立杆的垂直度。

③交叉支撑、水平架、脚手板、水平加固杆应与门架同时安装。连接门架的锁臂、挂钩应处于锁住状态;水平加固杆应设于门架立杆内侧。

④在施工作业层外侧周边应设置 180 mm 高的挡脚板和两道栏杆,上道栏杆高度应为 1.2 m,下道栏杆应居中设置。挡脚板和栏杆均应设置在门架立杆的内侧。

⑤门式作业脚手架的外侧应按步满设交叉支撑,内侧宜设置交叉支撑。

⑥门式脚手架应采用挂扣式钢脚手板,脚手板的挂扣必须完全挂扣在水平杆上,挂钩应处在锁闭状态。

⑦脚手架拆除:架体的拆除应从上而下逐层进行。同层杆件和构配件应按先外后内的顺序拆除,斜撑杆应在拆卸至该部位杆件时再拆除。当拆卸连接部件时,应先将止退装置旋转至开启位置,然后拆除,不得硬拉、敲击。拆除作业中,不应使用手锤等硬物。

(5)检查验收。

①架体构造应完整,加固杆、连墙件应无松动,架体应无明显变形;

②锁臂、挂扣件、扣件螺栓应无松动;

③杆件、构配件应无锈蚀、无泥浆等污染。

经指导教师检查最后填写表 1-6 给每组打出成绩。

表 1-6 门式作业脚手架搭设考核表

序号	检查项目		技术要求/mm	标准分	评分标准	检查结果	得分
1	门架安装	门架立杆与轴线偏差	3	25	一根扣 2 分		
		上下榀门立杆轴线偏差	3				
2	垂直度	每步架	3	25	每超过 2 mm 扣 2 分		
		整体	10				
3	水平度	一跨架内两榀门架高差	3	25	每超过 2 mm 扣 2 分		
		整体	10				
4	脚手板		挂钩封闭	25	一处扣 2 分		
总分							

1.3.5 实训日志

实训日志

日期：　　年　　月　　日　　　　　　　　　　　　天气：

班级		组别	
姓名		实训内容	

1.3.6 实训报告

实训报告

班级		组别	
姓名		起止时间	
实训项目			

项目2

模板搭设工艺实训

MUBAN DASHE GONGYI SHIXUN

模板是使新拌混凝土在浇筑过程中保持设计要求的位置尺寸和几何形状，使之硬化成为钢筋混凝土结构或构件的模型。使混凝土成型的构造设施称为模板。模板工程是制作、组装、运用及拆除在混凝土施工中用以使混凝土成型的构造设施的工作。其构造包括面板体系和支撑体系。面板体系包括面板和所联系的肋条；支撑体系包括纵横围囹、承托梁、承托桁架、悬臂梁、悬臂桁架、支柱、斜撑与拉条等。

早期普遍用木材制作模板。20 世纪 50 年代以后，逐步发展到采用钢材、胶合板、钢筋混凝土，或是钢、木、混凝土等材料混合使用。也有以薄板钢材制作具有一定比例模数的定型组合钢模板，用 U 形卡、L 形插销、钩头螺栓、扣件等附件拼成各种形状及不同面积的模板。20 世纪 70 年代以后，滑模技术有较大发展。采用滑模可以大幅度地节约原材料与费用，显著提高工程质量与施工速度。模板虽然是辅助性结构，但在混凝土施工中至关重要。进入 20 世纪 80 年代，随着大量采用钢管扣件脚手架作为模板支柱和钢管支柱（后来发展为可调高度的支柱），支撑系统也得到改革。

模板的分类：如按材料，分为木模板、钢木模板、胶合板模板、钢模板、塑料模板、玻璃钢模板、铝合金模板等；如按结构类型，分为基础模板、柱模板、楼板模板、楼梯模板、墙模板、壳模板、烟囱模板等；按施工方法，分为现场装拆式模板、固定式模板、移动式模板等。

模板工程占钢筋混凝土工程总价的 20%～30%，占劳动量的 30%～40%，占工期的 50%左右，决定着施工方法和施工机械的选择，直接影响工期和造价。我国的模板发展趋势是向着精、轻、耐用方向发展。

任务 1 组合钢模板支设

2.1.1 实训目的

(1)了解钢模板及其支撑的设计应符合现行国家标准《钢结构设计标准》(GB 50017—2017)的规定；

(2)掌握钢模板的支设施工；

(3)掌握钢模板的拆除施工；

(4)掌握搭设钢模板工具的正确使用；

(5)能正确使用检测工具进行检查验收。

组合钢模板是一种工具式模板，用它可以拼出多种尺寸和几何形状。施工时可以在现场直接组装，也可预拼成各种大块的模板，用起重机吊运安装。组合钢模板如图 2-1 所示。组合钢模板具有轻便灵活，装拆方便，存放、修理和运输便利，以及周转率高等优点，但也存在安装速度慢，模板拼缝多，易漏浆，拼成大块模板时重量大、较笨重等缺点。

图 2-1 组合钢模板

2.1.2 实训任务

用组合钢模板支设一个阶形独立基础，基础尺寸如图 2-2 所示。

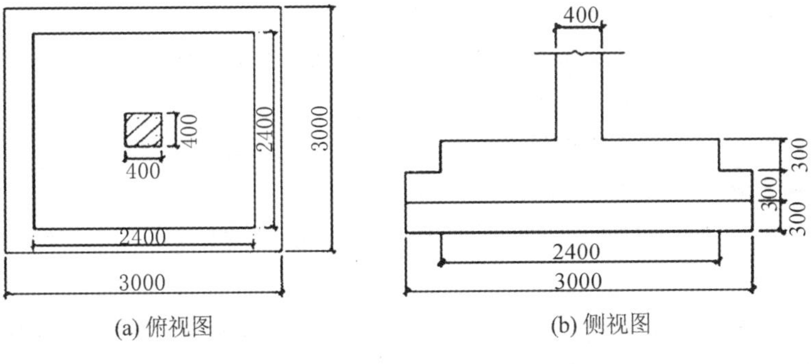

图 2-2 阶形独立基础的钢模板

2.1.3 实训工具和材料

(1)工具：锤子、工程线、粉笔、扳手、钢卷尺、钳子等。

(2)材料：

①钢管：脚手架钢管应采用现行国家标准《直缝电焊钢管》(GB/T 13793—2016)或《低压流体输送用焊接钢管》(GB/T 3091—2015)中规定的 Q235 普通钢管，钢管的钢材质量应符合现行国家标准《碳素结构钢》(GB/T 700—2006)中 Q235 级钢的规定。脚手架钢管宜采用 ϕ48.3×3.6 钢管。每根钢管的最大质量不应大于 25.8 kg。

②钢模板种类包括连接角模、阳角模板、阴角模板和平面模板，如图 2-3 所示。钢模板采用模数制设计，宽度模数以 50 mm 进级，长度模数以 150 mm 进级。平面模板由面板和肋条组成，采用 Q235 钢板制成，面板厚 2.3 mm 或 2.5 mm，肋条上设有 U 形卡孔

(见图 2-3(d))。常用尺寸 P3015(宽 300 mm,长 1500 mm)、P3007(宽 300 mm,长 750 mm)、P3004(宽 300 mm,长 450 mm)等。阴角模板的宽度有 150 mm×150 mm、100 mm×150 mm 两种;阳角模板的宽度有 100 mm ×100 mm、50 mm×50 mm 两种;连接角模的宽度为 50 mm× 50 mm。长度与平面模板相同。

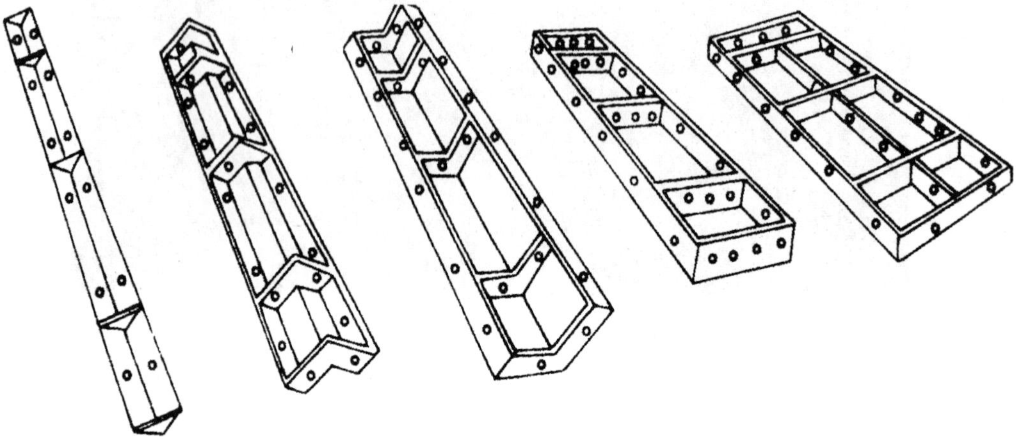

(a) 连接角模　(b) 阳角模板　(c) 阴角模板　(d) 平面模板

图 2-3　钢模板类型

③钢模板连接件:

a. U 形卡:主要用于钢模板纵横向的自由拼接,宜用 30 号钢制作,如无 30 号钢时,也可代用 Q235 钢,直径为 12 mm。

b. L 形插销:是用来增强钢模板的纵向拼接刚度,确保接头处板面平整的连接件。用 Q235 圆钢制成,直径为 12 mm。

c. 钩头螺栓:用于钢模板与内、外钢楞之间的连接固定,用 Q235 圆钢制成,直径为 12 mm。

d. 紧固螺栓:用于紧固内、外钢楞,增强模板拼装后的整体刚度,用 Q235 圆钢制成,直径为 12 mm。

e. 对拉螺栓:用于连接固定两组侧向钢模板。

f. 扣件:用于钢模板与钢楞的紧固,并与其他配件一起将钢模板拼装成整体,用 Q235 钢板制成,其规格分大、小两种,与相应的钢楞配套使用,并按钢楞的不同形状尺寸,分为碟形扣件和 3 形扣件。

g. 拉杆:用于连接内、外模板,保持内、外模板的间距,承受新浇筑混凝土的侧压力和其他荷载,使模板具有足够的刚度和强度。常用的为圆杆式拉杆,又称穿墙螺栓、对拉螺栓,由 Q235 圆钢制成,规格有 M12、M14、M16 等。

钢模板连接件如图 2-4 所示。

④支撑件:

a. 钢楞:用于支撑钢模板和加强其整体刚度。钢楞可用圆钢管、矩形钢管、内卷边槽钢等做成。

b. 立柱:用以承受竖向荷载,有管式和四立柱式两种。

c. 斜撑:用以承受单侧模板的侧向荷载和调整竖向支模的垂直度。

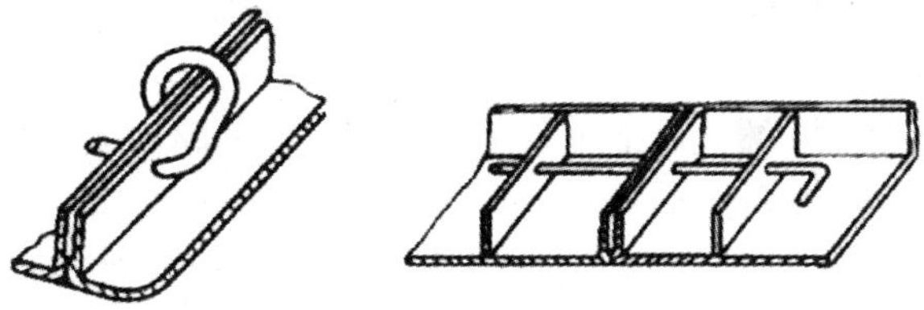

(a) U形卡连接　　(b) L形插销连接

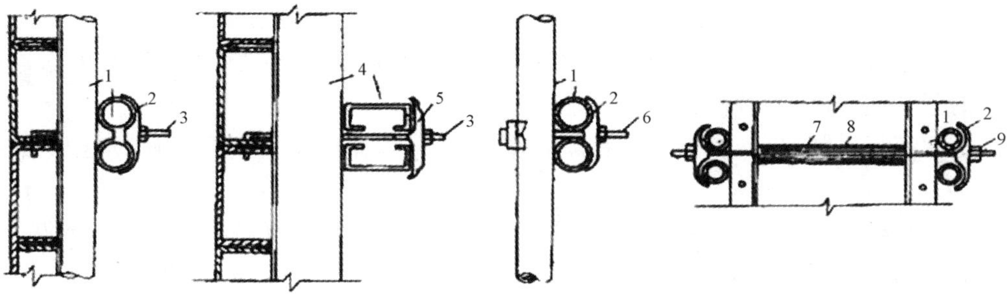

(c) 钩头螺栓连接　　(d) 紧固螺栓连接　　(e) 对拉螺栓连接

图 2-4　钢模板连接件

1—圆钢管钢楞；2—3 形扣件；3—钩头螺栓；4—内卷边槽钢钢楞；5—翼形扣件；6—紧固螺栓；7—对拉螺栓；8—塑料套管；9—螺母

d. 柱箍：又称柱卡箍、定位夹箍，用于直接支承和夹紧各类柱模的支承件，可根据柱模的外形尺寸和侧压力的大小来选用。

e. 平面组合式桁架：水平模板的支承件。

2.1.4　实训方法与步骤

(1)编写施工方案：各组独立编制施工方案，方案应有针对性，能有效地指导施工，明确安全技术措施，内容包括基础处理、搭设要求、工具的选择、材料数量的确定(见表 2-1)等。

表 2-1　材料数量

材料	规格	数量
钢管	6 m	
	2 m	
平面钢模板	1.5 m×0.3 m	
	1.2 m×0.3 m	
	0.9 m×0.3 m	
	0.75 m×0.3 m	
连接角模	阴角模板	
扣件	钢管直角扣件	
	模板扣件	

(2)团结协作:组长给组员分配工作,组员互相配合,目标一致,共同完成实训任务。

(3)安全要求:装拆模板时,上下应有人接应,随拆随运转,并应把活动部件固定牢靠,严禁堆放在脚手板上和抛掷;装拆施工时,除操作人员外,下面不得站人。高处作业时,操作人员应挂上安全带。按照方案结合现场作业条件进行安全技术交底,施工人员正确佩戴安全帽。

(4)施工工艺及技术措施:

①测量放线:弹出模板的中心线和位置线,用水准仪把建筑物水平标高根据实际标高的要求,直接引测到模板安装位置。

②钢模板底部找平:模板承垫底部应预先找平,以保证模板位置正确,防止模板底部漏浆。

③钢模板及配件:按任务配置需用的钢模板及配件,对其规格与数量进行清点。

a. 要保证阶形独立基础尺寸及位置正确;

b. 要使模板具有足够的强度、刚度和稳定性,力求构造简单,装拆方便;

c. 配制的模板,应优先选用通用、大块模板。

④模板支设:

a. 按配板设计循序拼装,以保证模板系统的整体稳定;配件必须装插牢固。支柱和斜撑下的支承面应平整垫实,并有足够的受压面积。支承件应着力于外钢楞。

b. 支承支柱的土层地面,应事先夯实整平,并做好防水、排水设置,准备支柱底垫木。

c. 竖向模板安装的底面应平整坚实,并采取可靠的定位措施。

d. 模板应涂刷脱模剂。

e. 模板长向拼接宜采用错开布置,以增加模板的整体刚度。

f. 模板高度方向如用两块以上模板组拼时,一般应用竖向钢楞连接固定,其接缝齐平布置时,竖楞间距一般宜为 750 mm;当接缝错开布置时,竖楞间距最大可为 1200 mm。

g. 阶形基础可分次支模,上部模板可用工具式梁卡固定,亦可用钢管吊架固定,必须支拉牢固,防止变形,侧模斜撑的底部应加设垫木。

⑤模板拆除应符合以下规定和原则:

a. 模板的拆除,除了侧模应在混凝土强度能保证其表面及棱角不受损坏时(大于 1 N/mm^2)方可拆除外,底模应按《混凝土结构工程施工质量验收规范》(GB 50204—2015)的有关规定执行。

b. 模板拆除的顺序和方法,应符合配板设计的规定,拆模顺序一般应遵循后支的先拆,先支的后拆,先拆除非承重部分,后拆除承重部分,以及自上而下的原则。拆模时,严禁用大锤和撬棍硬砸硬撬。

(5)检查验收。

模板的接缝应严密;模板内不应有杂物、积水或冰雪等;模板与混凝土的接触面应平整、清洁;用作模板的地坪、胎膜等应平整、清洁,不应有影响构件质量的下沉、裂缝、起砂或起鼓。测量数据填入表 2-2。

表 2-2 组合钢模板支设考核评分表

序号	检查项目	允许偏差/mm	标准分	评分标准	实测值					得分
1	下阶对角线尺寸偏差	10	30	偏差每增加1 mm扣2分	自查					
					检查					
2	上下阶之间距离(量4角点取均值评分)	5	30	偏差每增加1 mm扣2分	自查					
					检查					
3	轴线偏移(上下阶轴线偏差取均值评分)	5	20	偏差每增加5 mm扣2分	自查					
					检查					
4	上阶悬空高度	5	20	偏差每增加5 mm扣2分	自查					
					检查					
总分										

2.1.5 实训日志

实训日志

日期： 年 月 日 天气：

班级		组别	
姓名		实训内容	

2.1.6 实训报告

实训报告

班级		组别	
姓名		起止时间	
实训项目			

任务2 现浇结构木模板支设

2.2.1 实训目的

(1)了解木模板及其支撑的设计应符合现行国家标准《混凝土结构工程施工质量验收规范》(GB 50204—2015)的规定;

(2)掌握木模板的支设施工;

(3)掌握木模板的拆除施工;

(4)掌握支设木模板工具的正确使用;

(5)能正确使用检测工具进行检查验收。

木模板是钢筋混凝土结构施工中采用较早的一种模板。从20世纪70年代以来,钢筋混凝土结构构件施工,虽然模板材料已广泛"以钢代木",采用钢材和其他材料,其构造也向定型化、工具化方向发展,但是在一些地区,仍然沿用着木模板。木模板是使混凝土按几何尺寸成型的模型板,俗称壳子板,因此木模板选用的木材品种,应根据它的构造来确定。与混凝土表面接触的模板,为了保证混凝土表面的光洁,宜采用红松、白松、杉木,因为它重量轻,不易变形,可以增加模板的使用次数。如混凝土表面不露明或需抹灰时,则可尽可能采用其他树种的木材做模板。木模板加固如图2-5所示。

图2-5 木模板加固

2.2.2 实训任务

支设长3米、高2米的剪力墙木模板。

2.2.3 实训工具和材料

(1)工具:锤子、工程线、粉笔、扳手、钢卷尺、钳子等。

(2)材料:

①木模板：木模板及其支撑的设计应符合现行国家标准的规定，其中受压立杆除满足计算需要外，其梢径不得小于 60 mm。木模板及支撑系统所用的木材，不得有脆性、严重扭曲和受潮后容易变形的木材。侧模一般可采取 20～30 mm 厚，底模一般可采取 40～50 mm 厚。

②拼制模板的木板条不宜宽于以下值：

a. 工具式模板的木板为 150 mm。

b. 直接与混凝土接触的木板为 200 mm。

③对拉螺栓：直径 12～16 mm 螺栓。

2.2.4 实训方法与步骤

(1)编写施工方案：各组独立编制施工方案，方案应有针对性，能有效地指导施工，明确安全技术措施，内容包括基础处理、支设要求、工具的选择、材料数量的确定(见表 2-3)等。

表 2-3 材料数量

材料	木模板	方木	对拉螺栓
规格			
数量			

(2)团结协作：组长给组员分配工作，组员互相配合，目标一致，共同完成实训任务。

(3)安全要求：按照方案结合现场作业条件进行安全技术交底，施工人员正确佩戴安全帽。

(4)施工工艺及技术措施：

①测量放线：墙模板安装时，先在地面上弹出墙的中线及边线，扎墙身钢筋，焊接定位筋。

②定位安装：木模板刷隔离剂，在定位筋位置进行支设，临时用支撑撑住。

③穿对拉螺杆和保护套，安装垫片，拧紧螺母。

④安装斜撑，用线锤校正墙面模板的垂直度。

⑤为了保证墙体的厚度正确，在两侧模板之间可用小方木撑好(小方木长度等于墙厚)。

⑥对模板及支撑系统的基本要求是：

a. 保证结构构件各部分的形状、尺寸和相互间位置的正确性。

b. 具有足够的强度、刚度和稳定性。能承受本身自重及钢筋、浇捣混凝土的重量和侧压力，以及在施工中产生的其他荷载。

c. 装拆方便，能多次周转使用。

d. 模板拼缝严密，不漏浆。

e. 所用木料受潮后不易变形。

f. 支撑必须安装在坚实的地基上，并有足够的支承面积，以保证所浇筑的结构不致发生下沉。

g. 节约材料。

⑦模板拆除应符合以下规定和原则：

a. 装拆模板时，上下应有人接应，随拆随运转，并应把活动部件固定牢靠，严禁堆放在脚手板上和抛掷；装拆施工时，除操作人员外，下面不得站人。高处作业时，操作人员应挂上安全带。模板的拆除，除了侧模应在混凝土强度能保证其表面及棱角不受损坏时(大于 1 N/mm^2)方可拆除外，底模应按《混凝土结构工程施工质量验收规范》(GB 50204—2015)的有关规定执行。

b. 模板拆除的顺序和方法，应符合配板设计的规定，拆模顺序一般应遵循后支的先拆，先支的后拆，先拆除非承重部分，后拆除承重部分，以及自上而下的原则。拆模时，严禁用大锤和撬棍硬砸硬撬。

(5)检查验收。

模板的接缝应严密；模板内不应有杂物、积水或冰雪等；模板与混凝土的接触面应平整、清洁；用作模板的地坪、胎膜等应平整、清洁，不应有影响构件质量的下沉、裂缝、起砂或起鼓。测量数据填入表 2-4。

表 2-4 剪力墙木模板支设考核评分表

序号	检查项目	允许偏差/mm	标准分	评分标准	实测值		得分
1	对拉螺杆间距	20	10	偏差每增加 5 mm 扣 2 分	自查		
					检查		
2	模板垂直度	3	30	偏差每增加 1 mm 扣 2 分	自查		
					检查		
3	剪力墙轴线偏移	3	20	偏差每增加 1 mm 扣 2 分	自查		
					检查		
4	模板上口宽度	2	20	偏差每增加 1 mm 扣 2 分	自查		
					检查		
5	模板上口、下口位置	3	10	偏差每增加 1 mm 扣 2 分	自查		
					检查		
6	对拉螺杆的墙体间距	10	10	偏差每增加 2 mm 扣 2 分	自查		
					检查		
总分							

2.2.5 实训日志

实训日志

日期：　　年　　月　　日　　　　　　　　　　　　天气：

班级		组别	
姓名		实训内容	

2.2.6 实训报告

实训报告

班级		组别	
姓名		起止时间	
实训项目			

任务3 铝模板支设

2.3.1 实训目的

(1)了解铝模板及其支撑的设计应符合现行国家标准的规定;

(2)掌握铝模板的支设施工;

(3)掌握铝模板的拆除施工;

(4)掌握支设铝模板工具的正确使用;

(5)能正确使用检测工具进行检查验收。

铝模板全称为建筑用铝合金模板,是继木模板、钢模板之后出现的新一代模板系统。铝模板是按模数设计,由专用设备挤压成型,由铝面板、支架和连接件三部分系统所组成的,具有完整的配套使用的通用配件,能组合拼装成不同尺寸的外形尺寸复杂的整体模架,装配化、工业化施工的系统模板,它解决了以往传统模板存在的缺陷,大大提高了施工效率。

铝模板优点有施工周期短,重复使用次数多,平均使用成本低,施工方便、效率高,稳定性好、承载力高,应用范围广,拼缝少,精度高,拆模后混凝土表面效果好,现场施工垃圾少,支撑体系简洁,标准化、通用性强,回收价值高,低碳减排。缺点是很多模板附件多,使其难以安装和分类,安装过程噪声大,导热系数高,成型衬垫弹性差,接缝比大模板多,摇曳等。支设铝模板如图 2-6 所示。

图 2-6 支设铝模板

2.3.2 实训任务

用铝模板支设 800×800×1500 柱。

2.3.3 实训工具和材料

(1)工具:锤子、工程线、粉笔、扳手、钢卷尺、钳子等。

(2)材料:

①铝模板:原则上不允许采用翻新铝模生产施工,其中墙柱模板必须采用新铝模;每块模板均须达到铝模精度验收标准(平整度小于等于 2 mm,不得有翘曲、起皮、缺棱掉角等质量缺陷)。

②铝模支撑和连接系统:如图 2-7 所示。

图 2-7 铝模支撑和连接系统

2.3.4 实训方法与步骤

(1)编写施工方案:各组独立编制施工方案,方案应有针对性,能有效地指导施工,明确安全技术措施,内容包括基础处理、搭设要求、工具的选择、材料数量的确定(见表 2-5)等。

表 2-5 材料数量

材料	编号的铝模板	角铝	角模	方通背楞
数量				

(2)团结协作:组长给组员分配工作,组员互相配合,目标一致,共同完成实训任务。

(3)安全要求:高处作业时,操作人员应挂上安全带。按照方案结合现场作业条件进行安全技术交底，施工人员正确佩戴安全帽。

(4)施工工艺及技术措施：

①放线、标高复核：弹出柱的中线、边线并进行复核，弹出模板支设边线。检查标高 50 线，发现混凝土过高或者柱板所在位置不平整时，要进行剔凿修平；检查墙柱 30 线，后续以 30 线作为调校的基准线。

②钢筋纠偏：检查柱钢筋是否在线内，是否有足够空间立模板。

③定位筋焊接：采用 ϕ16 钢筋(端部平整)，离地面高度 80 mm，水平距离 800 mm 一个，焊接后端部与墙定位线平，误差≤1 mm；定位筋端面一定要平直，不能有斜面，不能有凸出。阴角两侧 150 mm 以内部位一定要设置一道定位筋。

④铝模板正确安装：必须严格按照模板编号安装，严禁随意拼装，禁止随意切割模板。

⑤逐块安装，同时放置水泥内衬条，与螺杆交错布置。销钉 300 mm 一个，柱销钉必须满打。安装时模板边线必须对结构线安装，工程中要自查，并及时调整。

⑥铝模板加固：采用三段式螺杆加固，PVC 整体套管(可重复利用)，偏差在(0，−0.5 mm)，端部采用 PVC 扩大头套防止加固螺杆过紧。

⑦柱模背楞加固：原则上背楞必须在平面位置连接(墙阴角严禁断开)，阳角加固采用 45 度对拉螺杆；平面背楞断开处采用槽钢做成的连接器连接成整体；螺杆间距小于 800 mm，采用三道背楞，斜拉杆间距不大于 2 m，上下支撑；斜撑下脚固定的钢筋在混凝土浇捣前做好预埋，严禁后植爆炸螺丝，以免破坏预埋在板内的管道。

⑧柱模调整：柱模标高、垂直度调整到位，并将斜拉杆撑紧(斜拉杆要受力)。

⑨模板拆除应符合以下规定和原则：

a. 模板的拆除，除了侧模应在混凝土强度能保证其表面及棱角不受损坏时(大于 1 N/mm^2)方可拆除外，底模应按《混凝土结构工程施工质量验收规范》(GB 50204—2015)的有关规定执行。

b. 模板拆除的顺序和方法，应符合配板设计的规定，拆模一般应后支的先拆，先支的后拆。

(5)检查验收。

模板的接缝应严密；模板内不应有杂物、积水或冰雪等；模板与混凝土的接触面应平整、清洁；用作模板的地坪、胎膜等应平整、清洁，不应有影响构件质量的下沉、裂缝、起砂或起鼓。测量数据填入表 2-6。

表 2-6　柱铝模板支设考核评分表

序号	检查项目	允许偏差/mm	标准分	评分标准	实测值		得分
1	模板及加固稳定性和刚度	0	30	一处扣 2 分	自查		
					检查		
2	柱模板垂直度	3	30	偏差每增加 1 mm 扣 2 分	自查		
					检查		

续表

序号	检查项目	允许偏差/mm	标准分	评分标准	实测值		得分
3	柱轴线偏移	3	20	偏差每增加5 mm扣2分	自查		
					检查		
4	柱尺寸	3	20	偏差每增加1 mm扣2分	自查		
					检查		
总分							

2.3.5 实训日志

实训日志

日期： 年 月 日 天气：

班级		组别	
姓名		实训内容	

2.3.6 实训报告

实训报告

班级		组别	
姓名		起止时间	
实训项目			

项目3

钢筋工艺实训

GANGJIN GONGYI SHIXUN

钢筋是指钢筋混凝土用和预应力钢筋混凝土用钢材，其横截面为圆形，有时为带有圆角的方形。

按轧制外形分：

光面钢筋：如Ⅰ级钢筋（Q235 钢钢筋）均轧制为光面圆形截面，供应形式有盘圆，直径不大于 10 mm，长度为 6～12 m。

带肋钢筋：有螺旋形、人字形和月牙形三种，一般Ⅱ、Ⅲ级钢筋轧制成人字形，Ⅳ级钢筋轧制成螺旋形及月牙形。

钢线（分低碳钢丝和碳素钢丝两种）及钢绞线。

冷轧扭钢筋：经冷轧并冷扭成型。

按直径大小分：钢丝（直径 3～5 mm）、细钢筋（直径 6～10 mm）、粗钢筋（直径大于 22 mm）

按力学性能分：Ⅰ级钢筋（235/370 级）、Ⅱ级钢筋（335/510 级）、Ⅲ级钢筋（370/570）和Ⅳ级钢筋（540/835）。

按生产工艺分：热轧、冷轧、冷拉钢筋，还有以Ⅳ级钢筋经热处理而成的热处理钢筋，强度比前者更高。

按在结构中的作用分：受压钢筋、受拉钢筋、架立钢筋、分布钢筋、箍筋等。

现在钢筋常用的有热轧光圆钢筋（俗称圆钢）、热轧带肋钢筋（俗称螺纹钢）、冷轧扭钢筋、冷拔低碳钢丝。其中以前两者应用最广泛，后两者一般用在高强混凝土中。圆钢标识为 HPB235，一般采用的直径为 6.5、8、10、12，再粗的就不常用了，而且以 6.5 和 8 最为常用，一般用作箍筋。螺纹钢常见标识是 HRB335，一般采用的直径为 12 到 22 的偶数、25、28、32、40、50，再粗的一般出现在大体积混凝土工程中，不常用，一般在 25 以下的最为常用，而且砖混结构中 16 以下的常见。至于 HRB400、HRB500 一般也不常见，至少一般工业、民用建筑中不常用。

任务 1 钢筋加工

3.1.1 实训目的

（1）能认识进场钢筋。

（2）能对钢筋进行检验、除锈。

（3）掌握钢筋下料。

（4）能加工箍筋和受力筋。

（5）能对箍筋和受力筋进行质量检查和验收。

箍筋用来满足斜截面抗剪强度，并联结受力主筋和受压区混筋骨架的钢筋，分单肢箍筋、开口矩形箍筋、封闭矩形箍筋、菱形箍筋、多边形箍筋、井字形箍筋和圆形箍筋等。箍筋应根据计算确定，箍筋的最小直径与梁高 h 有关，当 $h \leqslant 800$ mm 时，不宜小于 6 mm；当 $h > 800$ mm 时，不宜小于 8 mm。梁支座处的箍筋一般从梁边（或墙边）50 mm 处开始设置。箍筋如图 3-1 所示。

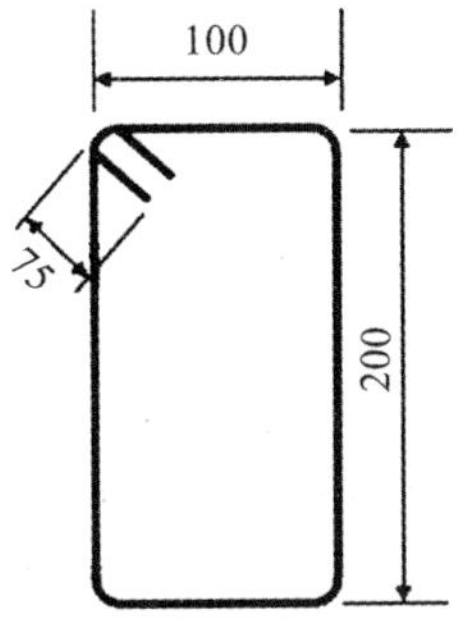

图 3-1 箍筋

3.1.2 实训任务

（1）加工图 3-1 所示 Φ6 箍筋，内皮尺寸为 100 mm×200 mm，端头设 135°弯钩，弯钩的平直部分≥10d 且不小于 75 mm；

（2）加工 2 根 Φ8 受力筋，受力筋成型长度为 1450 mm，端部设 180°弯钩。

3.1.3 实训工具和材料

（1）工具：粉笔、扳手、钢卷尺等。

（2）材料：Φ6 mm 和 Φ8 mm 热轧光圆钢筋。

3.1.4 实训方法与步骤

（1）编写施工方案：各组独立编制施工方案，明确安全技术措施，内容包括工具的选择、钢筋下料长度（见表 3-1）等。

表 3-1 钢筋下料长度

材料	Φ6 mm 热轧光圆钢筋	Φ8 mm 热轧光圆钢筋
下料尺寸		

（2）钢筋下料：

钢筋弯曲后的特点，一是外壁伸长、内壁缩短，而轴线长度不变；二是在弯曲处形成圆弧。钢筋的量度方法是沿直线量外包尺寸，因此弯起钢筋的量度尺寸大于下料尺寸，两者之间的差值称为弯曲调整值。不同弯曲角度的钢筋调整值见表 3-2 和表 3-3。

表 3-2 钢筋弯曲量度差值

钢筋弯曲角度	30°	45°	60°	90°	135°
钢筋弯曲调整值	0.35d	0.5d	0.85d	2d	2.5d

表 3-3　钢筋弯钩增加长度

弯钩形式	弯弧内径	平直段	弯钩增加长度
半圆弯钩	$D=2.5d$	$3d$	$6.25d$
135°弯折	$D=4d$	$10d$	$12.89d\approx13d$

①箍筋调整值，即为弯钩增加长度和弯曲调整值两项之差或和，根据箍筋量外包尺寸或内皮尺寸而定(见表 3-4)：

箍筋下料长度=箍筋周长+箍筋调整值

表 3-4　箍筋调整值

箍筋量度方法	箍筋直径/mm			
	4～5	6	8	10～12
量外包尺寸	40	50	60	70
量内皮尺寸	80	100	120	150～170

当弯弧内直径为 $2.5d$(Ⅱ、Ⅲ级钢筋为 $4d$)、平直部分为 $3d$ 时，其弯钩增加长度的计算值为：半圆弯钩为 $6.25d$，斜弯钩为 $4.9d$，直弯钩为 $3.5d$，如图 3-2 至图 3-4 所示。

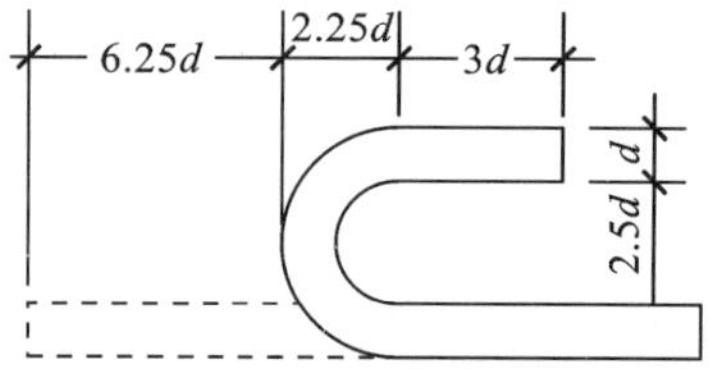

图 3-2　180°弯钩

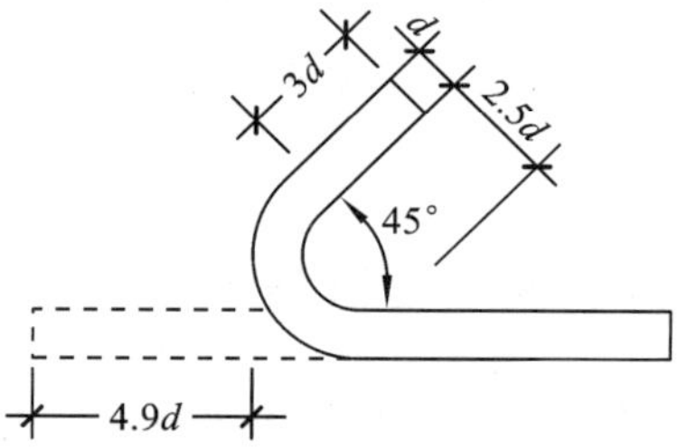

图 3-3　135°弯钩

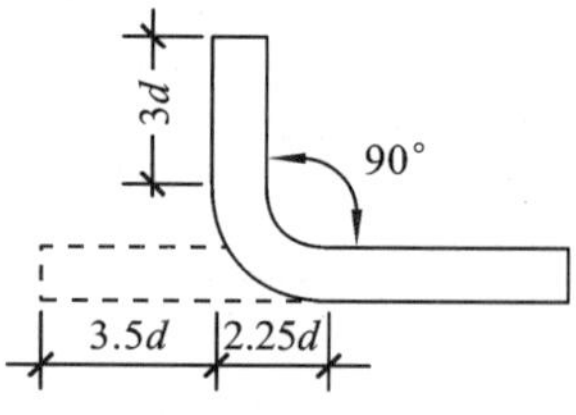

图 3-4　90°弯钩

施工中有个计算箍筋长度的公式是 $2A+2B+26.8d$ 就是这样推导出来的，当然，这里 A、B 都是指箍筋的内皮长度。

②受力筋：

直钢筋下料长度=构件长度-保护层厚度+弯钩增加长度

实际加工受力筋如图 3-5 所示。

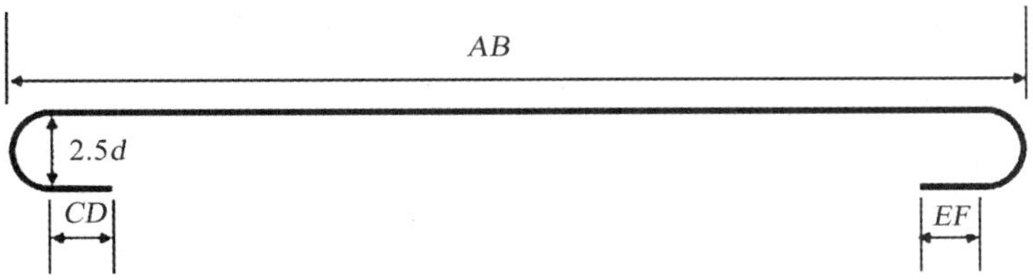

图 3-5 受力筋

(3)安全措施:在钢筋加工前,指导教师应按照方案结合现场作业条件进行细致的安全技术交底,施工人员正确穿戴安全帽和防滑鞋。

(4)施工工艺及技术措施:

①加工箍筋。

a. 对下料制作箍筋的钢筋用粉笔标出中点,在此处弯折 90 度,钢筋面要求平整;

b. 从弯折处量取 200 mm,弯折 90 度,再量取 100 mm,弯折 135 度;

c. 将另一边量取 100 mm,弯折 90 度,再量取 200 mm,弯折 135 度;

d. 扳手在弯折钢筋时不要向上抬,一定在一个平面内移动扳手;

e. 箍筋弯钩重合,表面平整。

②受力筋加工。

a. 对下料制作受力筋的钢筋两端量取 42.5 mm,弯折 180 度;

b. 两个弯钩相向且在一个平面内;

c. 扳手在弯折钢筋时不要向上抬,一定在一个平面内移动扳手。

(5)检查验收。

指导教师用钢卷尺量取加工的受力筋和箍筋,用眼观察平整度、箍筋弯钩重合情况,填入表 3-5,给出成绩。

表 3-5 钢筋加工考核评分表

序号	检查项目	评分标准	得分
1	Φ6 箍筋加工	内皮尺寸 100×200(25 分)	
		135°弯头的平直部分长度(15 分)	
		箍筋弯钩重叠处重合情况(10 分)	
		箍筋平整度(10 分)	
2	Φ8 受力筋加工	受力筋总长(20 分)	
		受力筋 180°弯钩平直段长度(20 分)	
总分		100 分	

3.1.5 实训日志

实训日志

日期：　　年　　月　　日　　　　　　　　　　　　天气：

班级		组别	
姓名		实训内容	

3.1.6 实训报告

实训报告

班级		组别	
姓名		起止时间	
实训项目			

任务2 钢筋绑扎

3.2.1 实训目的

(1)能区分受力筋和架立筋；

(2)掌握简支梁的特点；

(3)掌握钢筋梁绑扎；

(4)能正确使用铅丝钩；

(5)能对简支梁进行质量检查和验收。

简支梁就是两端支座仅提供竖向约束，而不提供转角约束的支撑结构。简支梁仅在两端受铰支座约束，主要承受正弯矩，一般为静定结构。体系温变、混凝土收缩徐变、张拉预应力、支座移动等都不会在梁中产生附加内力，受力简单。简支梁构造如图3-6所示。

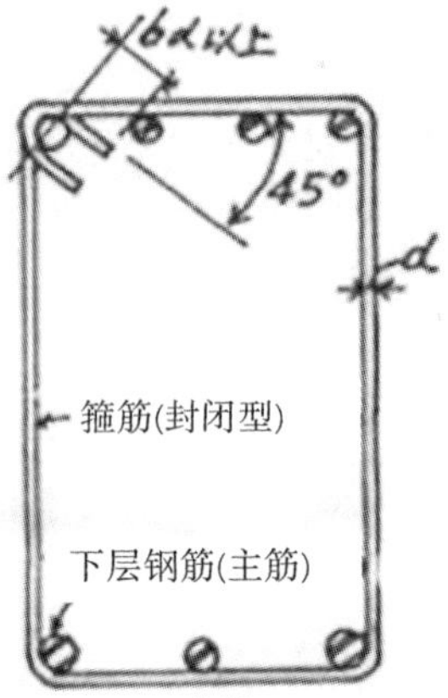

(a) 箍筋

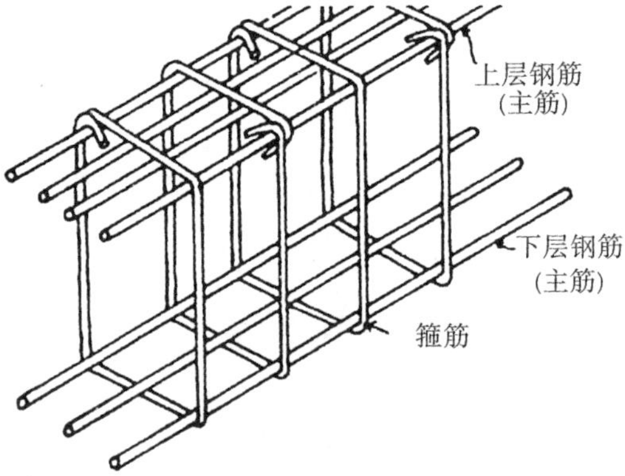

(b) 简支梁

图3-6 简支梁构造

3.2.2 实训任务

完成一简支梁的钢筋绑扎工作，截面宽100 mm、高200 mm，长1450 mm，下部受力筋2Φ8，架立钢筋2Φ6.5，箍筋Φ6.5@150 mm，混凝土保护层厚度取25 mm。

3.2.3 实训工具和材料

(1)工具：铅丝钩、卷尺、粉笔、绑扎架等。

(2)材料：

①钢筋：

a.受力筋：指布置在梁或板的下部，承受拉力的那部分钢筋，以及抗剪切的弯起筋、吊筋等，用直径 8 mm 的光圆钢筋。

b.架立筋：主要是把其他受力钢筋固定在正确的位置上，只有在正确位置上才能受力抗荷载，用直径 6.5 mm 的光圆钢筋。

c.箍筋：如图 3-6(a)所示的封闭型箍筋，用直径 6.5 mm 的光圆钢筋加工成 100×200 的箍筋。

②扎丝：镀锌扎丝，长 30 cm。

③垫块、卡子。

3.2.4 实训方法与步骤

(1)编写施工方案：各组独立编制施工方案，明确安全技术措施，内容包括工具的选择、钢筋绑扎的方法、材料数量的确定(见表 3-6)等。

表 3-6 材料数量

材料	受力筋	架立筋	箍筋	扎丝
数量				

(2)安全措施：钢筋钩子使用时注意安全，扎丝绑扎时可能会刺破手指，故必须戴手套。

(3)施工工艺及技术措施：

①放好绑扎架，将架立筋放在上面，受力筋放在下面，箍筋套在架立筋和受力筋上，箍筋端头错开放置，如图 3-6(b)所示。

②第一个箍筋距端部 50 mm，其他箍筋间距 150 mm，共 10 个箍筋。

③用铅丝钩将箍筋和纵筋用扎丝绑扎，纵筋弯钩朝梁里。

a.绑扎时，纵筋要绑在箍筋的角上，即纵筋要蹬角；

b.扎丝缠在铅丝钩上，铅丝钩需绕一圈半或两圈半，绑紧箍筋和纵筋；

c.扎丝端头应朝向梁里。

④绑扎方法：有顺扣绑扎和兜扣绑扎，本实训采取顺扣绑扎。顺扣绑扎时相邻绑扎丝扣成八字形，使得受力筋不位移，避免简支梁歪斜变形。

⑤简支梁绑扎好后在其下端放置垫块，梁侧放置垫片，形成梁的混凝土保护层厚度。

(4)检查验收。

指导教师用钢卷尺量取箍筋端距、箍筋间距，用眼观察绑扎情况，用手检查简支梁的平整度和刚度，填入表 3-7，给出成绩。

表 3-7 简支梁绑扎考核评分表

序号	检查项目	评分标准	得分
1	简支梁钢筋绑扎	纵筋弯钩朝向(10 分)	
		受力筋一端端头平齐度(10 分)	
		箍筋端距(10 分)	
		扎丝端头朝向(10 分)	
		箍筋间距(10 分)	
		箍筋与受力筋间隙(取最大值)(10 分)	
		扎丝顺扣个数(10 分)	
		箍筋端头在纵筋上的绑扎位置(10 分)	
		梁钢筋笼刚度(5 分)	
		钢筋笼箍筋垂直(5 分)	
2	保护层	垫块、卡子个数(5 分)	
		垫块位置间距,卡子两边基本对称(5 分)	
总分		100 分	

3.2.5 实训日志

实训日志

日期： 年 月 日 天气：

班级		组别	
姓名		实训内容	

3.2.6 实训报告

实训报告

班级		组别	
姓名		起止时间	
实训项目			

项目4

砌筑工艺实训

QIZHU GONGYI SHIXUN

砌体工程是指在建筑工程中使用普通黏土砖、承重黏土空心砖、蒸压灰砂砖、粉煤灰砖、各种中小型砌块和石材等材料进行砌筑的工程。砖包括烧结普通砖、烧结多孔砖、蒸压灰砂普通砖、蒸压粉煤灰普通砖、混凝土普通砖、混凝土多孔砖等。砌块包括普通混凝土小型空心砌块、轻集料混凝土小型空心砌块、蒸压加气混凝土砌块、粉煤灰砌块。砌筑用石有毛石和料石两类，所选石材应质地坚实，无风化剥落和裂纹，用于清水墙、柱表面的石材，尚应色泽均匀。砌筑工程分部分项包括砖基础，砖砌体，砖构筑物，砌块砌体，石砌体，砖散水、地坪、地沟。

任务1 普通砖墙体砌筑

4.1.1 实训目的

(1)了解《砌体结构工程施工质量验收规范》；

(2)掌握普通砖性能；

(3)掌握普通砖砌筑墙体方法；

(4)掌握普通砖砌筑砂浆的性能；

(5)能正确使用检测工具进行检查验收。

普通砖是以黏土、页岩、煤矸石、粉煤灰、建筑渣土、淤泥(江河湖淤泥)、污泥等为主要原料，经焙烧而成，主要用于建筑物承重部位的砖。按主要原料分为黏土砖(N)、页岩砖(Y)、煤矸石砖(M)、粉煤灰砖(F)、建筑渣土砖(Z)、淤泥砖(U)、污泥砖(W)、固体废弃物砖(G)。砖的强度等级分为五级：MU30、MU25、MU20、MU15、MU10。砖的外形为直角六面体，其公称尺寸为：长 240 mm、宽 115 mm、高 53 mm。常用配砖规格：175 mm×115 mm×53 mm，其他配砖规格由供需双方协商确定。烧结普通砖墙如图 4-1 所示。

图 4-1 烧结普通砖墙

4.1.2 实训任务

砌筑如图 4-1 所示的墙体，高度 1.5 米。墙身有一洞口，洞口过梁为钢筋砖过梁；构造柱与墙体连接处砌成马牙槎，如图 4-2 所示，拉结筋采用 Φ6 钢筋。

4.1.3 实训工具和材料

(1)工具：

①主要机械：应备有砂浆搅拌机、淋灰机、水平及垂直运输机械等。

②施工工具：应备有大铲、瓦刀、泥桶、存灰槽、砖夹、筛子、勾缝条、运砖车、灰浆车、砖笼等。

③检测工具：水准仪、经纬仪、钢卷尺、百格网、皮数杆、线坠、水平尺等。

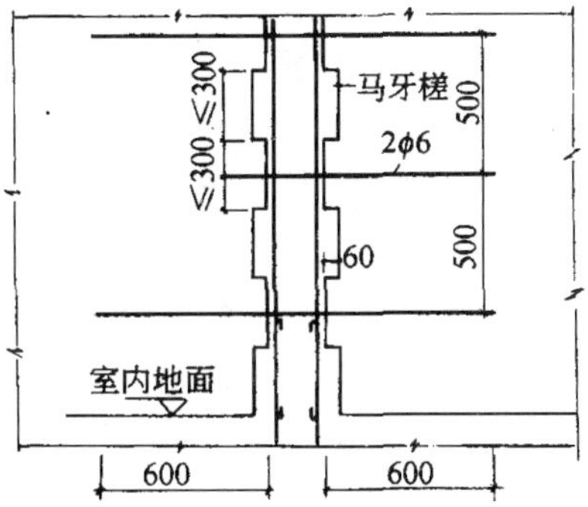

图 4-2 构造柱马牙槎的砌筑要求

(2)材料：

①普通砖：尺寸 240×115×53。

a. 砌体进场验收：根据合约相关条款对材料的规格、型号、强度等级，由工程师与材料员进行现场验收，除基本规定的质保证资料齐全合格外，要验收实体材料，缺边、掉角(3 cm×3 cm)的数量不得大于 10%。完全是破损的砖数不得大于 3%，否则按不合格产品处理，此规定应在合约中予以明确。

b. 复试试验：每一生产厂家的砖到现场后，按烧结砖 15 万块、多孔砖 5 万块、灰砂砖及粉煤灰砖 10 万块各为一验收批，抽检数量为一组。砖和砂浆试块试验报告必须与检验批对应，且实验室检测合格后方可用于工程中。

②水泥：

a. 进场验收：水泥进场应根据采购合约规定的水泥品种、级别、包装或散装仓号、出厂日期等进行检查，并有完整的质量保证资料(合格证、性能检验报告和备案证明文件等)方可进场存放在水泥库。

b. 复试试验：水泥进场使用前，应分批对其强度、安定性进行复验。检验批应按同一生产厂家、同一等级、同一品种、同一批号且连续进场的水泥，袋装不超过 200 t 为一批，散装不超过 500 t 为一批，每批抽样不少于一次。

c. 当在使用中对水泥质量有怀疑或水泥出厂超过三个月(快硬硅酸盐水泥超过一个月)时，应复查试验，并按其结果使用。不同品种的水泥，不得混合使用。

③砌筑砂浆：

a. 配制水泥石灰砂浆时，不得采用脱水硬化的石灰膏。消石灰不得直接使用于砌筑砂浆中。

b. 砌筑砂浆应通过试配确定配合比。当砌筑砂浆的组成材料有变更时，其配合比应重新确定。当采用水泥砂浆代替水泥混合砂浆时，应重新确定砂浆强度等级。

c. 砂浆拌制时间应符合下列规定：水泥砂浆和水泥混合砂浆不得少于 2 min；水泥粉煤灰砂浆和掺用外加剂的砂浆不得少于 3 min。砌筑砂浆在 3 小时以内尽快使用。

4.1.4 实训方法与步骤

(1)编写施工方案：各组独立编制施工方案，方案应有针对性，能有效地指导施工，明确安全技术措施，内容包括技术交底、施工进度等。

(2) 团结协作：组长给组员分配工作，组员互相配合，目标一致，共同完成实训任务。

(3)安全措施：戴手套，搬运时注意安全。

(4)施工工艺及技术措施：

①砌筑部位(基础或楼板等)的灰渣、杂物应清除干净，基层浇水湿润。

②正确放出烧结普通砖墙的中线和边线。

③首先应对砌体墙进行排版，可采用皮数杆或将砌砖皮数线划在墙体两端的柱上，以达到控制灰缝平直度、厚度的目的。砌体排版完成后，与砼结构交界处对墙体拉结筋等进行植筋，其锚固长度必须满足设计要求。

④立皮数杆：皮数杆是指在其上画有每皮砖和砖缝厚度，以及门窗洞口、过梁、楼板、梁底、预埋件等标高位置的一种木制标杆。

⑤盘角施工：就是根据墙线和所制的皮数杆先把墙角砌起一段，为保证砌体垂直平整，砌筑时必须挂线，一般二四墙可单面挂线，以便于挂线砌筑大墙面。每次盘角不要超过五皮，新盘的大角，及时进行吊、靠。如有偏差要及时修整。长墙几个人均使用一根通线，中间应设几个支线点，小线要拉紧。

⑥240 mm 厚烧结普通砖墙砌筑常见方法：一顺一丁、三顺一丁和梅花丁等，如图 4-3 所示。

a. 一顺一丁：这种砌法是一皮中全部顺砖与一皮中全部丁砖相互间隔砌成，上下皮间的竖缝相互错开 1/4 砖长。

b. 三顺一丁：这种砌法是三皮中全部顺砖与一皮中全部丁砖间隔砌成，上下皮顺砖与丁砖间竖缝错开 1/4 砖长，上下皮顺砖间竖缝错开 1/2 砖长。

c. 梅花丁：这种砌法是每皮中丁砖与顺砖相隔，上皮丁砖坐中于下皮顺砖，上下皮间竖缝相互错开 1/4 砖长。

(a) 240墙一顺一丁式　(b) 240墙多顺一丁式　(c) 240墙梅花丁

图 4-3　砌筑方法

⑦砖砌体的组砌要求：上下错缝，内外搭接，以保证砌体的整体性，同时组砌要有

规律，少砍砖，以提高砌筑效率，节约材料。砌筑过程中应三皮一吊，五皮一靠，保证墙面垂直平整。

a. 当采用一顺一丁组砌时，七分头的顺面方向依次砌顺砖，丁面方向依次砌丁砖。砖墙的丁字接头处，应分皮相互砌通，内角相交处的竖缝应错开 1/4 砖长，并在横墙端头处加砌七分头砖。砖墙的十字接头处，应分皮相互砌通，立角处的竖缝相互错开 1/4 砖长。

b. 砖砌体的砌筑方法有“三一”砌砖法、挤浆法、刮浆法和满口灰法。其中，“三一”砌砖法和挤浆法最为常用。“三一”砌砖法，即一块砖，一铲灰，一揉压，并随手将挤出的砂浆刮去的砌筑方法。这种砌法的优点是：灰缝容易饱满，黏结性好，墙面整洁。故实心砖砌体宜采用“三一”砌砖法。

c. 挤浆法，即用灰勺、大铲或铺灰器在墙顶上铺一段砂浆，然后双手拿砖或单手拿砖，将砖挤入砂浆中一定厚度之后把砖放平，达到下齐边、上齐线、横平竖直的要求。这种砌法的优点是：可以连续挤砌几块砖，减少烦琐的动作；平推平挤可使灰缝饱满；效率高；保证砌筑质量。砖砌体的施工过程有抄平、放线、摆砖、立皮数杆、挂线、砌砖、勾缝等工序。

⑧过梁：所有预制过梁必须严格按设计图集及相关规范要求进行制作，制作完成后用墨汁标注上下方向，避免安装过程中钢筋位置反向。过梁要求提前制作，安装时必须确保强度达到设计要求。

⑨构造柱：构造柱的设置严格按砌体固化图要求进行布置，纵筋搭接长度必须满足设计要求，搭接区域箍筋按要求加密设置。应先进行构造柱钢筋绑扎，再进行墙体砌筑；构造柱马牙槎应先退后进，退进尺寸按 60 mm 留设，位置应准确，端部须吊线砌筑。

⑩施工管控：

a. 墙体砌筑时灰缝不得超过 8～12 mm，同时要求同一面墙上砌体灰缝厚度差(最大与最小之差)不得超过 2 mm，以保证灰缝观感上均匀一致。

b. 砌筑灰缝应横平竖直，砂浆饱满度不低于 90%，竖缝不得出现挤接密缝。

c. 墙体实心砖砌筑应采用一顺一丁的砌法；空心砖采用顺砌法，不应有通缝，搭砌长度不应小于 90 mm。

d. 拉结筋间距设置应沿墙、柱 500 mm 高植 2Φ6 钢筋，伸入填充墙长度不宜小于 700 mm，填充墙转角处应设水平拉结筋。所有伸入填充墙或构造柱中的拉结筋端头需做 180 度弯钩。

e. 所有门窗过梁安装必须统一以标高 1 米线进行控制，门窗洞口高度尺寸按固化图尺寸要求进行留设。

(5)检查验收。

墙面平整、垂直，灰缝顺直，洞口方正。选用工具测出数据，填入表 4-1，给出成绩。

表 4-1 考核评分表

序号	检查项目		检查值			平均值	允许偏差/mm	标准分	评分标准	得分
1	墙体垂直度	自查					4	30	每超过 1 mm 扣 2 分	
		检查								
2	墙体平整度	自查					3	30	每超过 1 mm 扣 3 分	
		检查								
3	灰缝平直度	自查					3	15	每超过 1 mm 扣 2 分	
		检查								
4	灰缝厚度	自查					2	15	每超过 1 mm 扣 3 分	
		检查								
5	马牙槎尺寸	自查					5	10	每超过 1 mm 扣 3 分	
		检查								
总分										

4.1.5 实训日志

实训日志

日期： 年 月 日 天气：

班级		组别	
姓名		实训内容	

4.1.6 实训报告

实训报告

班级		组别	
姓名		起止时间	
实训项目			

任务2 蒸压加气混凝土砌块填充墙砌筑

4.2.1 实训目的

(1)了解《砌体结构工程施工规范》;

(2)掌握蒸压加气混凝土砌块的性能;

(3)掌握蒸压加气混凝土砌块砌筑墙体方法;

(4)掌握砌筑蒸压加气混凝土砌块专用砂浆的性能;

(5)能正确使用检测工具进行检查验收。

蒸压加气混凝土是由磨细的硅质材料、钙质材料、发气剂和水等搅拌、浇注、发气、静停、切割和蒸压养护而得到的多孔混凝土制品,属硅酸盐混凝土。由于采用蒸压养护工艺,故称为蒸压加气混凝土,简称加气混凝土。加气混凝土具有质轻、保温、隔热、隔声、阻燃等特点,可以加工制作成不同规格的砌块、板材和保温制品。蒸压加气混凝土砌块既能用作围护结构,又有良好的热工性能,因此将其用作外墙是较合理的节能保温途径,特点是重量轻、保温性能好、可加工性好、施工便捷、耐火极限高、隔声性能好、绿色环保、原料广、生产效率高、生产能耗低、应用广泛。蒸压加气混凝土砌块自保温墙体特点如图4-4所示。

图4-4 蒸压加气混凝土砌块自保温墙体特点

4.2.2 实训任务

砌筑高1.5米、长5米的蒸压加气混凝土砌块墙体,中间构造柱与墙体连接处砌成马牙槎。

4.2.3 实训工具和材料

（1）工具：手板锯、皮数杆、大铲、灰勺、墨盒、橡皮锤、手持电动切割机、磨砂板、钢齿磨板等。

（2）材料：

①加气混凝土砌块：现场砌块存放场地应夯实，平整，不积水，码放应整齐。砌块堆放应下垫上盖，摆放高度不能超过 2 m，装运过程轻拿轻放，避免损坏。砌体结构工程所用的加气砼块采用精准砌块，砌块尺寸偏差控制在 2 mm 以内。施工时所用砌块的龄期在一个月以上；为防止砌块前期含水率较大引起干收缩过大，砌块出釜后应存放至少 5 天方可出厂。砌块出厂，应按批次进行检验，并提供检验报告及合格证。砌块尺寸和性能见表 4-2 和表 4-3。

表 4-2　加气混凝土砌块尺寸

规格	长度 L/毫米	600
	高度 H/毫米	200、240、250、300
	宽度 B/毫米	100、120、125、150、180、200、240、250、300

表 4-3　加气混凝土砌块性能

项目内容		国家标准	
型号		B06	B07
强度等级		A3.5	A5.0
抗压强度/MPa	平均值	≥3.5	≥5.0
	最小值	≥2.8	≥4.0
体积密度干容重/(kg/m^3)		≤625	≤725
导热系数/[W/(m·K)]		≤0.16	≤0.18
干燥收缩值/(mm/m)		≤0.8	
防火		100 mm 加气混凝土墙体≥4 h	
隔音		100 mm 厚——41 分贝，150 mm 厚——46 分贝，200 mm 厚——50 分贝	

②砌筑砂浆：是指由水泥、砂、掺合料和外加剂制成的用于蒸压加气混凝土的砌筑材料，指标如表 4-4 所示。50 kg 专用黏合剂可加入 12～15 L 水；25 ℃拌和后 4 h 内用完，超过 30 min 必须重新搅拌使用；砌筑规格 600 mm×250 mm×125 mm 砌块墙体，涂覆厚度 3 mm，黏合剂用量为 3.5 kg/m^2；用手电钻加 Φ12 圆钢自制搅拌头的手持式搅拌机搅拌 3～5 min。

表 4-4 砌筑砂浆性能指标

项目	指标
干密度/(kg/m^3)	≤1800
分层度/mm	≤20
凝结时间/h	贯入阻力达到 0.5 MPa 时，3～5 h
导热系数/[W/(m·K)]	≤1.1
抗折强度/MPa	—
抗压强度/MPa	2.5、5.0
黏结强度/MPa	≥0.20
抗冻性 25 次/(%)	质量损失≤5；强度损失≤20
收缩性能	收缩值≤1.1 mm/m

4.2.4 实训方法与步骤

(1)编写施工方案：编制砌体工程施工方案，根据施工方案，组织安全及施工技术交底。砌体结构工程所用的加气砼块采用精准砌块，砌块尺寸偏差控制在 2 mm 以内。

(2) 团结协作：组长给组员分配工作，组员互相配合，目标一致，共同完成实训任务。

(3)安全措施：戴好手套和安全帽，正确使用工具，注意安全，严禁施工过程打闹。

(4)施工工艺及技术措施：

①砌筑施工条件：

a. 基层清理：在砌筑砌体前应对墙基层进行清理，将楼层上的浮浆、灰尘清扫冲洗干净，并浇水使基层湿润。

b. 锚固于混凝土结构的拉结钢筋、连接钢筋，其位置、数量、长度经检查合格。

c. 蒸压加气混凝土砌块经进场验收合格。

d. 龄期不足 15 天的砌块不得上墙使用，砌筑时含水率应不大于 25%。

e. 砌筑前宜根据墙体的实际尺寸、灰缝厚度、顶部空隙高度、底部墙垫高度、构造措施等，采用电脑预排，确定最佳的砌筑方案和砌块规格尺寸。

②放线定位、立皮数杆：

a. 按图纸要求对预砌墙体弹好定位线和标高控制线，并进行复验。

b. 立皮数杆：宜用 30 mm×40 mm 木料制作，皮数杆上注明门窗洞口、拉结筋、圈梁、过梁的尺寸标高。皮数杆间距不超过 15 m，转角处均应设立，一般距墙皮或墙角 50 mm 为宜。皮数杆应垂直、牢固、标高一致。

③现浇素砼墙垫：内外墙底部均应预先浇筑不小于 200 毫米高的 C20 素混凝土作为砌体基础；或采用第一皮满刷界面剂的加气混凝土砌块砌筑。

④砌块湿水：应在砌筑前24小时对砌块砌筑面喷水湿润，必须保证所有的砌筑面湿水，含水率应为15%～20%，现场表观检查为水浸深度8～10 mm。（使用专用黏结剂薄层砂浆砌筑时，不可湿水。）

⑤砌筑挂线：

a. 在皮数杆上标出砌块的皮数及灰缝厚度，并标出窗台、洞口及墙梁等构造标高。

b. 根据要砌筑的墙体长度、高度试排砖，摆出门、窗及孔洞的位置。

c. 砌砖过程一定要跟皮数杆带线，要求“上跟线，下跟棱，左右相邻要对平”（上跟线的意思就是跟着水平线走，下跟棱的意思就是根据下面一皮砖的棱角向上砌筑，左右相邻要对平的意思是用水平尺靠一下水平度），并按墙体的轴线、标高和皮数杆拉垂直、水平建筑线。每层砌块均应拉通线砌筑，控制灰缝水平。

d. 在墙体端部、转角、构造柱、门窗洞口等处设置垂直线控制墙体垂直度。

⑥蒸压加气混凝土砌块砌筑：

a. 满铺砂浆，灰缝厚度宜为8～12 mm，并保证水平灰缝饱满度不小于90%，垂直灰缝不应小于80%；预先砌筑第一皮砌块，待底层砂浆终凝后继续砌筑，可有效减少基层不平整带来的灰缝不一致及砌体墙体自重对砌体的影响。铺浆后应立即放置砌块，用橡胶锤敲击摆正、找平，严禁在灰缝中塞石子、木楔等。

b. 墙体皮数应严格按排砖图进行施工，砌块砌筑应采用满铺满挤法砌筑，揉挤密实，上下皮错缝搭砌，竖向通缝不应大于2皮砌块，搭砌长度一般为砌块长度的1/2，不得小于1/3，也不应小于200 mm。不得混砌，转角处错缝搭接。砌块切割与加工砌块应采用锯、钻、镂等专用工具，不得用斧砍刀劈。

c. 竖缝灌砂浆：每砌一皮砌块，就位校正后，用砂浆灌垂直缝，随后进行灰缝的勒缝（原浆勾缝），深度一般为3～5 mm。

d. 铺浆后不能立即放置砌块或砌块取下重砌，砂浆易失去塑性，应铲去砂浆重铺。砌筑砂浆应该随拌随用，混合砂浆必须在3小时内用完，当施工期间最高温度超过30 ℃时，必须在2小时内使用完毕。砂浆稠度按80～100 mm控制。

e. 若砌块出现高低差或砌体表面出现不平整，可用钢齿磨板或磨砂板磨平。砌体施工完毕后不得使用水管浇水养护，应采用喷雾头喷水保养3天。

f. 墙体每400 mm高（二层砌块）设置拉结筋，墙体厚度为200～250 mm时，拉结筋2Φ6；墙体厚度为100～150 mm时，拉结筋1Φ6。

⑦留置马牙槎：构造柱与墙体交接处留出马牙槎，马牙槎先退后进，宽度60 mm。

⑧构造柱：

a. 填充墙（含电梯间隔音墙）长度大于5 m，或墙长超过2倍层高时，应设置钢筋砼构造柱。

b. 构造柱间距不宜大于4 m，纵筋不小于4Φ10，箍筋Φ6@200搭接区（构造柱上、下端楼层600 mm高度范围内）间距加密至Φ6@100。100 mm厚墙体端部设置构造柱时其纵筋不小于4Φ8。

c. 构造柱主筋必须垂直，箍筋水平，间距均匀，且四根主筋必须在箍筋角上，绑扎牢固，横向采用拉结筋与加气块连接。如图4-5所示为构造柱钢筋。

(5)检查验收。

砌块排列整齐且有规律性，两边对称；墙面平整，灰缝顺直；以完整砌块为主砌块，

图 4-5 构造柱钢筋

使其占砌块总数的 70%以上;辅助砌块最小长度不应小于 1/3 完整砌块长。选用工具测出数据,填入表 4-5,给出成绩。

表 4-5 墙体砌筑考核评分表

序号	检查项目		检查值			平均值	允许偏差/mm	标准分	评分标准	得分
1	墙体垂直度	自查					4	30	每超过 1 mm 扣 2 分	
		检查								
2	墙体平整度	自查					3	30	每超过 1 mm 扣 3 分	
		检查								
3	灰缝平直度	自查					3	15	每超过 1 mm 扣 2 分	
		检查								
4	灰缝厚度	自查					2	15	每超过 1 mm 扣 3 分	
		检查								
5	马牙槎尺寸	自查					5	10	每超过 1 mm 扣 3 分	
		检查								
总分										

4.2.5 实训日志

实训日志

日期：　　年　　月　　日　　　　　　　　　　　　　　　　　　　　天气：

班级		组别	
姓名		实训内容	

4.2.6 实训报告

实训报告

班级		组别	
姓名		起止时间	
实训项目			

项目5

抹灰工艺实训

MOHUI GONGYI SHIXUN

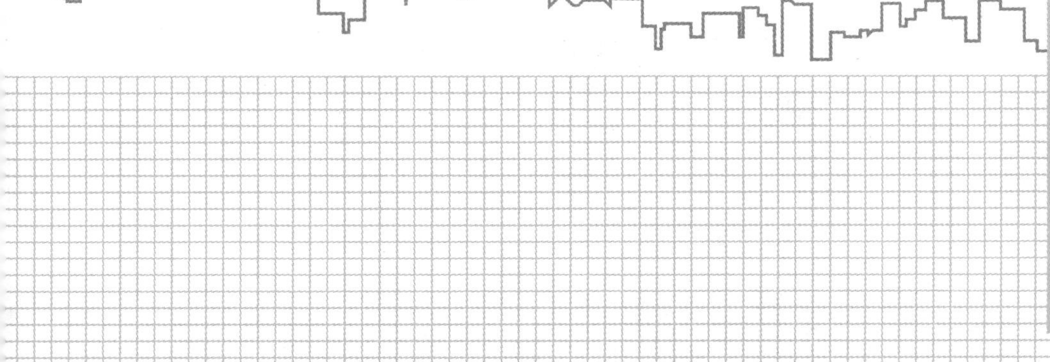

抹灰在建筑中指采用石灰砂浆、混合砂浆、聚合物水泥砂浆、麻刀灰、纸筋灰和保温砂浆颗粒等对建筑物的面层抹灰和石膏浆罩面工艺。抹灰工程分为一般抹灰和装饰抹灰，一般抹灰又分高级抹灰和普通抹灰。一般抹灰所使用的材料分为石灰砂浆、水泥砂浆、水泥混合砂浆、聚合物砂浆、膨胀珍珠岩水泥砂浆、麻刀石灰、纸筋石灰、石灰膏等。装饰抹灰是通过操作工艺及选用材料等方面的改进，使抹灰富于装饰效果，主要包括水刷石、干粘石、斩假石、假面砖、拉条灰等，抹灰层由底层、中层和面层组成。底层主要起与基体黏结和初步找平的作用，厚度一般为 5～9 mm；中层主要起找平作用，厚度一般为 5～12 mm；面层主要起装饰美化作用，厚度根据面层使用材料不同而异。

任务1 内墙普通抹灰

5.1.1 实训目的

(1)了解《建筑装饰装修工程质量验收标准》(GB 50210—2018)的规定。

(2)了解一般抹灰的组成、作用和做法。

(3)掌握抹灰工程的质量标准及检验方法。

(4)掌握一般抹灰施工工艺及质量控制措施。

建筑内墙抹灰是指将石灰、石膏、水泥砂浆和水泥混合砂浆等无机胶凝材料抹在墙面上进行装饰的一种施工方法。建筑物内墙经过抹灰后，墙面光滑平整、清洁美观，改善了采光的条件，还具有保护墙体的作用，同时增强了墙面的保温、隔热、隔声等功能，还能起到防尘、防腐和防辐射的作用，使人们的工作或生活环境更加舒适，如图 5-1 所示。室内抹灰包括顶棚、墙面、楼地面、墙裙、踢脚板、楼梯等，抹灰层由底层、中层和面层组成。

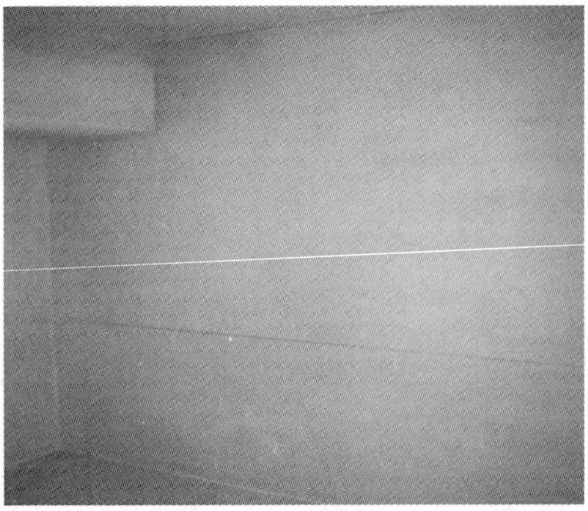

图 5-1 内墙抹灰

5.1.2 实训任务

完成 3 m×1.5 m 单面内墙墙体的抹灰任务。

5.1.3 实训工具和材料

(1)工具:水泥砂浆搅拌机、小推车、5 mm 及 2 mm 孔径的筛子、大平铁锹,尖铁锹、铁抹子、木抹子、托灰板、靠尺、吊线尺、线坠、钢卷尺、冲击钻、软毛刷、钢丝刷、筷子笔、粉线包、胶皮水管、喷壶、小水壶、水桶、笤帚、锤子、錾子等。

(2)材料:

①水泥:一般采用 32.5 普通硅酸盐水泥、矿渣硅酸盐水泥,应采用同一批号的产品,颜色一致,应有出厂合格证和检测报告,进场复试合格后方可使用于本工程。

②砂:中砂,平均粒径为 0.35~0.5 mm,砂颗粒要求坚硬洁净,不得含有黏土、草根、树叶、碱质及其他有机物等有害物质。使用前应过 5 mm 孔径筛子。

③石灰膏:采用袋装精磨风选优质石灰粉,或生石灰粉贮存在沉淀池中。熟化时间,常温下一般不少于 14 d。使用时,石灰膏内不得含有未熟化的颗粒和其他杂质。

④自拌砂浆:

a. 自拌砂浆应采取机械搅拌,搅拌时间不少于 2 min,水泥粉煤灰砂浆和掺用外加剂的砂浆搅拌时间不得少于 3 min,掺用有机塑化剂的砂浆,应为 3~5 min。砌筑砂浆应该随拌随用,混合砂浆必须在 3 小时内用完,当施工期间最高温度超过 30 ℃时,必须在 2 小时内使用完毕。禁止人工拌和抹灰砂浆。

b. 砂浆搅拌站宜统一设置、统一配合比、统一管理,以有效提高砂浆质量。砂浆配合比要符合设计要求。

⑤耐碱玻璃纤维网格布:玻璃纤维网格布是以中碱或无碱玻璃纤维网纱为原料,以织成的玻璃纤维网格布为基材,再经涂覆丙烯酸共聚液烘干而成的一种新型耐碱产品。该产品具有结构稳定、强度高、耐碱性能好、防腐、抗裂等特点,增强效果佳,而且施工简单、易行。主要适用于建筑物和其他构筑物内外表面增强、防裂,是外墙保温工程的一种新型建材。内墙镀锌钢丝网规格为:Φ0.9@12.7×12.7。耐碱玻璃纤维网格布主要性能要求(国家标准)见表 5-1。

表 5-1 耐碱玻璃纤维网格布主要性能

项目	指标
单位面积质量/(g/m^2)	≥130
耐碱断裂强力(经、纬向)/(N/50 mm)	≥900
耐碱断裂强力保留率(经、纬向)/(%)	≥75
断裂伸长率(经、纬向)/(%)	≤4.0

5.1.4 实训方法与步骤

(1) 编写施工方案：各组独立编制施工方案，方案应有针对性，能有效地指导施工，明确安全技术措施，内容包括技术交底、施工进度等。

(2)团结协作：组长给组员分配工作，组员互相配合，目标一致，共同完成实训任务。

(3)安全措施：戴安全帽、戴手套，施工时注意安全。

(4)施工工艺及技术措施：

①墙体基层处理：

抹灰前检查小型混凝土砌块墙体，对松动、灰浆不饱满的拼缝用掺用水量 8%的 108 建筑胶 1∶1 水泥砂浆填塞密实。将露出墙面的舌头灰刮净，墙面凸出部位剔凿平整。墙面坑洼不平处、砌块棱角碰掉以及线管沟槽、孔洞等用 1∶2.5 水泥砂浆修补平整、密实。用靠尺检查垂直偏差及平整度。

②墙面浇水：

将墙面的浮尘灰浆清除干净，提前一天浇水湿润墙面(分几遍浇水湿润，水以浸入砌块深度 8～10 mm 为宜)。如遇春天风大，墙面干的速度快，抹灰前可再用喷壶喷一遍水，但墙面抹灰时不得有浮水。墙面应用细管自上而下浇水湿润，砖墙面湿润深度 15 mm，混凝土面湿润深度 8 mm 为宜，一般应在抹灰甩毛前一到两天进行。

③甩毛：

a. 应采用掺入 8%建筑胶的 1∶1 水泥砂浆，稠度适宜，用机械或扫把甩毛。毛刺要求黏结牢固，毛刺密度均匀，砖墙面甩毛率应不小于 50%，砼基面应不小于 60%，强度(用手搓不掉粒、掉粉)符合要求。砂浆颗粒凝结后(三天后)方可进行墙面抹灰(甩毛前、后浇水养护必须到位)。

b. 聚乙烯醇加水泥和少量的砂做甩毛材料。

c. 采用专用界面剂。

④挂网：

为防空鼓、龟裂而增设的满挂加强网片，采用抗裂耐碱玻纤网，宜搁置在表面，压入砂浆面层，达到“见格不见网”的效果即可，并且相邻玻纤网搭接长度不应小于 100 mm。严禁设置在底层(先铺挂网片后抹灰)，严禁用砂浆粘贴抗裂耐碱玻纤网于墙上，抹灰总厚度≥35 mm 时应采取加强措施——镀锌钢丝网。

⑤冲筋和灰饼：

根据墙面的平整度和垂直度，决定抹灰厚度(最薄处不小于 7 mm)，先在墙的上角各做一个标准灰饼(直径约 5 cm)，然后用托线板吊线做墙下角的灰饼，再挂线每隔 1.2～1.5 m 加做若干标准灰饼，上下灰饼之间抹宽度约 10 cm 的砂浆冲筋，铝合金杠刮平。利用地面双控线，采用激光扫平仪辅助贴饼，灰饼与墙体顶部、底部及两端距离控制在 200～400 mm，灰饼间距不大于 1500 mm，保证 2 米靠尺在刮灰过程中每次都能落在两个灰饼上。灰饼吊垂直，每隔 1.5 米拉通线，如图 5-2 所示。

⑥做水泥护角：

室内墙面、柱面的阳角和门窗洞口的阳角，应用 1∶3 水泥砂浆打底与贴灰饼找

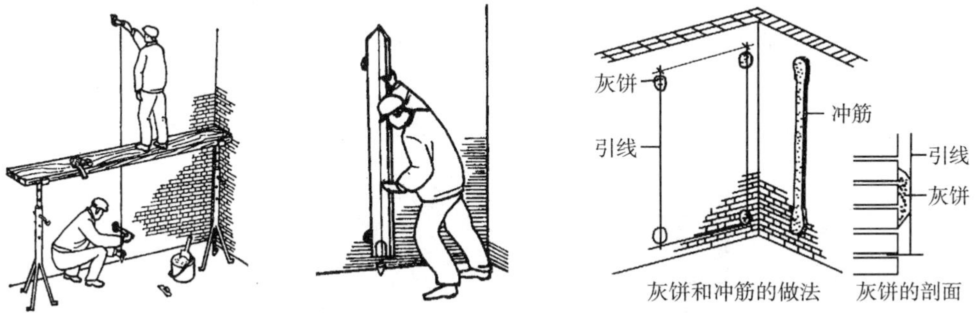

(a) 找标准厚的灰饼　(b) 托线板挂垂直　(c) 灰饼与冲筋

图 5-2　抹灰饼

平，再用 1∶2 水泥砂浆做暗护角，呈直角，且大于 2 米高，每侧宽度宜为 100 mm。易碰撞的大阳角，必须增设加强网，并确保阳角完成后的养护。阳角位置抹灰不宜留槎，如图 5-3 所示。

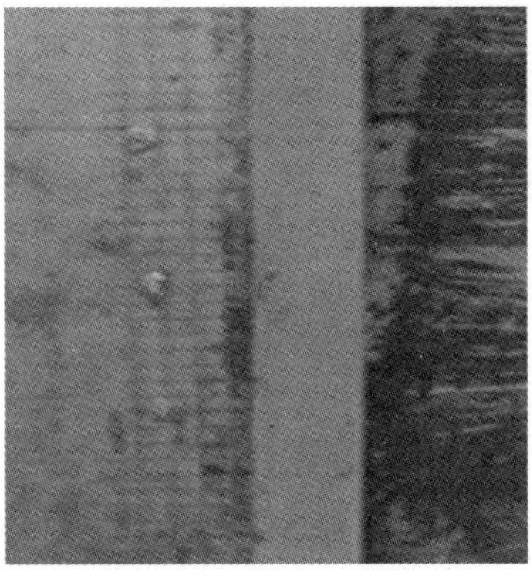

图 5-3　护角样板

⑦抹底灰：

一般情况下灰饼完成 24 小时后就可以抹底层灰，底灰厚度 7～10 mm。抹底层灰时应分层按灰饼的厚度基本找平，再用大杠垂直、水平刮找一遍，用木抹子(或塑料抹子)搓毛。当在砖墙面上抹的是石灰砂浆时，应把预留孔洞、电气箱盒、管道等周边 50 mm 的石灰砂浆刮掉，改用 1∶1∶4 水泥混合砂浆或 1∶3 的水泥砂浆把其周边修抹光滑、平整。

⑧抹面层砂浆：

a. 当底层灰强度达到 60%～70%时，常温下为 24 小时(即隔夜)，可开始抹面层灰。

b. 面层砂浆配合比一般为 1∶2.5 水泥砂浆或 1∶1∶4 水泥混合砂浆，抹灰厚度宜为 5～8 mm。

c. 抹灰前先用水适当湿润底层灰，抹时先薄刮一层素水泥浆，接着抹面层砂浆并用大杠横竖刮平，木抹子搓毛，待其表面收浆、无明水时用铁抹子压实、压光。

d. 然后用铁抹子将浆压出至表面后嵌入防碱纤维网，用木抹子拍压，将网压入砂浆表面，达到“见格不见网”的效果即可。

e. 若设计不是光面时，在面层灰表面收浆无明水时还得用软毛刷蘸水垂直于同一方向轻刷一遍，以保证面层灰颜色一致，避免和减少收缩裂缝。

f. 用铁抹子收光压平。面层完成后 12 小时即应喷水养护，养护时间不少于 7 天，且每天养护不少于 3 次。抹灰完成如图 5-4 所示。

图 5-4　完成抹灰

(5)检查验收。

抹灰后的内墙表面光滑、洁净、接茬平整，线角顺直清晰。选用靠尺、塞尺工具测出学生抹灰数据，填入表 5-2，给出成绩。

表 5-2　抹灰考核评分表

序号	检查项目	允许偏差/mm	标准分	评分标准	实测值				得分
1	抹灰厚度	±2	30	每增减 2 mm 扣 4 分	自查				
					检查				
2	阴阳角方正	3	20	每增加 1 mm 扣 4 分	自查				
					检查				
3	表面平整度	3	30	每增加 1 mm 扣 5 分	自查				
					检查				
4	立面垂直度	3	20	每增加 1 mm 扣 3 分	自查				
					检查				
总分									

5.1.5 实训日志

实训日志

日期：　　年　　月　　日　　　　　　　　　　　　　　天气：

班级		组别	
姓名		实训内容	

5.1.6 实训报告

实训报告

班级		组别	
姓名		起止时间	
实训项目			

任务2 外墙抹灰

5.2.1 实训目的

(1)了解《建筑装饰装修工程质量验收标准》(GB 50210—2018)的规定。

(2)了解外墙抹灰的组成、作用和做法。

(3)掌握外墙抹灰工程的质量标准及检验方法。

(4)掌握外墙抹灰施工工艺及质量控制措施。

室外抹灰一般包括屋檐、女儿墙、外墙面、窗台、阳台、雨篷、勒脚等。外墙除承受部分结构荷载外,还是建筑物的主要外部围护构件之一。所以,外墙装饰的主要目的是保护墙体结构,防止墙体结构直接受到风雨的侵袭和日晒,防止有害气体的腐蚀和微生物侵蚀,并且使建筑物的色彩、质感和线型等外观效果与周围环境取得和谐与统一,有益于美化环境。外墙通常选用抗老化、耐光照、耐风化、耐水、耐腐蚀和耐大气污染的装饰材料。面砖外墙抹灰构造如图 5-5 所示。

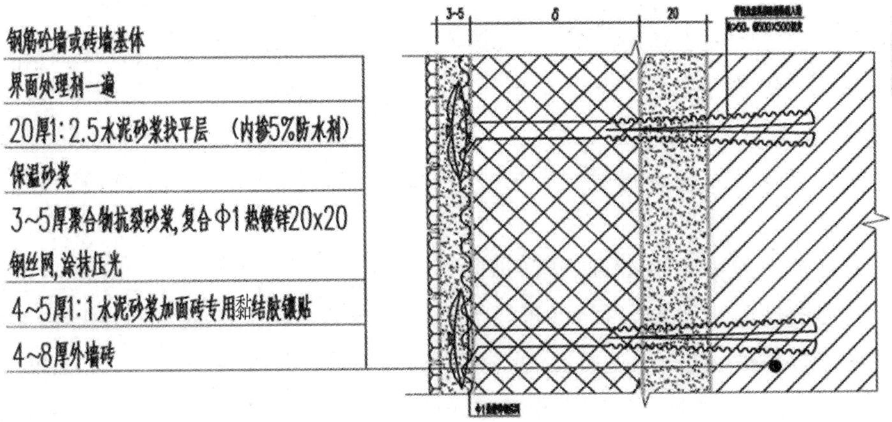

图 5-5 面砖外墙抹灰构造

5.2.2 实训任务

完成 5 m×1.5 m 外墙抹灰任务。

5.2.3 实训工具和材料

(1)工具:水泥砂浆搅拌机、小推车、5 mm 及 2 mm 孔径的筛子、大平铁锹,尖铁锹、铁抹子、木抹子、托灰板、靠尺、吊线尺、线坠、钢卷尺、冲击钻、软毛刷、钢丝刷、筷子笔、粉线包、胶皮水管、喷壶、小水壶、水桶、笤帚、锤子、錾子等。

(2)材料:

①预拌砂浆:

预拌砂浆是指由胶凝材料、细集料、水、矿物掺和料和外加剂等组分按一定的比例,在集中搅拌站(厂)经计量、拌制后,用专用的运输工具运至使用地点的砂浆拌和物。预拌砂浆应按要求储存,并在规定的存放时间内使用完毕。

②干粉砂浆:

干粉砂浆是指由专业生产厂家生产,由经干燥筛分处理的细集料与胶凝材料、矿物掺和料和外加剂按一定的比例混合而成,在施工现场只需加入规定的用水量拌和均匀即可使用的砂浆材料。干粉砂浆在加水拌和前称为干粉砂浆干混料;加水拌和均匀后称为干粉砂浆拌和料;在凝固后称为干粉砂浆硬化体。

③自拌砂浆:

a. 自拌砂浆应采取机械搅拌,搅拌时间不少于 2 min,水泥粉煤灰砂浆和掺用外加剂的砂浆搅拌时间不得少于 3 min,掺用有机塑化剂的砂浆,应为 3～5 min。砌筑砂浆应该随拌随用,混合砂浆必须在 3 小时内用完,当施工期间最高温度超过 30 ℃时,必须在 2 小时内使用完毕。禁止人工拌和抹灰砂浆。

b. 砂浆搅拌站宜统一设置、统一配合比、统一管理,以有效提高砂浆质量。砂浆配合比要符合设计要求。

④耐碱玻璃纤维网格布:玻璃纤维网格布是以中碱或无碱玻璃纤维网纱为原料,以织成的玻璃纤维网格布为基材,再经涂覆丙烯酸共聚液烘干而成的一种新型耐碱产品。该产品具有结构稳定、强度高、耐碱性能好、防腐、抗裂等特点,增强效果佳,而且施工简单、易行。主要适用于建筑物和其他构筑物内外表面增强、防裂,是外墙保温工程的一种新型建材。

5.2.4 实训方法与步骤

(1)编写施工方案:各组独立编制施工方案,方案应有针对性,能有效地指导施工,明确安全技术措施,内容包括技术交底、施工进度等。

(2)团结协作:组长给组员分配工作,组员互相配合,目标一致,共同完成实训任务。

(3)安全措施:戴安全帽、戴手套,施工时注意安全。

(4)施工工艺及技术措施:

①外墙抹灰前准备工作。

a.外墙各面砼柱、墙、梁上抹灰厚度必须大于15 mm。凡砼结构面上抹灰厚度达不到15 mm的地方,必须先修凿后抹灰。严禁先抹灰后修凿。

b.检查墙—梁、墙—柱间灰缝是否堵塞严实,有瞎缝和通明缝的情况,必须先行堵塞严实。

c.剪力墙部位,检查穿墙螺杆孔是否用发泡聚氨酯或膨胀水泥砂浆堵塞严实以及孔周边是否做好防水处理。

d.外墙各施工洞口是否全部封堵完成。

②外墙基层处理及挂网。

a.外墙面基层界面处理:基层粘接砂浆及甩浆方法均同内墙。

b.外墙挂网,宜采用Φ1镀锌钢网(20目×20目)满挂,网片交接部位大于100 mm;采用专用保温钉挂网即可。

c.外墙挂钢丝网,严禁挂在底层,应挂在抹灰中间层。

③外墙抹灰要求:按设计外墙饰面构造要求施工。

a.基层清理、修凿及界面剂(或甩浆)处理。

b.外墙基层抹灰均采用20厚1∶2.5防水砂浆(掺5%防水剂)。

c.满挂热镀锌钢丝网,网片交接部位大于100 mm(钢网挂在防水砂浆中间)。

d.抹外墙保温层砂浆或贴保温板。

e.挂耐碱玻纤网。

f.批抗裂砂浆。

g.批防水腻子、涂料或喷涂饰面层。

④外墙抹灰:厚度小于3 cm的必须分层抹灰,底层砂浆终凝后,再抹第二层砂浆;厚度3~5 cm的必须增设加强网片,且进行隐蔽工程验收。

⑤外墙分格缝的设置如图5-6所示。

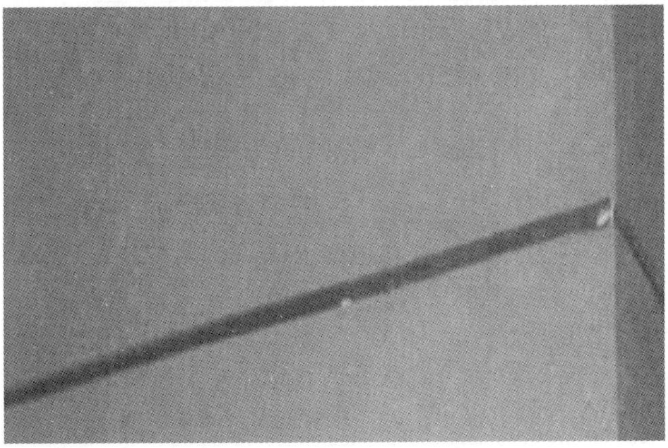

图5-6 外墙分格缝的设置

a. 采用塑料分格槽嵌粘的，分格缝位置必须事先居中铺贴加强网 8 cm 宽，就位后再将两边裸露的网片压入抹灰层内。

b. 预留缝的，缝内必须采用弹性材料（结构耐候胶）嵌缝密实。

c. 若外墙采用保温板，必须按设计大样图要求留设分格缝。

d. 严禁外墙抹灰或保温板施工完成后，切缝完成分格缝施工。

⑥外墙抹灰注意事项：

a. 抹灰层的平均厚度外墙宜小于 25 mm。找平层厚度大于 10 mm 时，应分遍压实抹平（抹灰厚度按设计厚度执行）。

b. 抹灰厚度大于 35 mm，必须分层批灰饼，在中间增设加强网片，且进行隐蔽工程验收。

c. 对总厚度大于 50 mm 的外墙，要求满挂 Φ4 钢筋网，并与主体有效连接，并支模浇捣砼。

d. 门窗洞口与门窗框外围尺寸相差大于 25 mm 的，必须支模，按构造配筋浇捣细石砼。

e. 控制粉刷用砂质量，宜采用中砂且含泥量小于 3%。

f. 罩面灰成活后第二天应喷水养护，并连续养护七天以上。

g. 北方地区严禁使用不合格或未经陈化的防火保温材料，避免导致后期保温板发生形状徐变而产生翘曲，撑破表面抗裂砂浆层导致开裂。应采用优质保温板。

(5)检查验收。

抹灰后的外墙表面光滑、洁净、接茬平整，线角顺直清晰。选用靠尺、塞尺工具测出学生抹灰数据，填入表 5-3，给出成绩。

表 5-3 抹灰考核评分表

<table>
<tr><th>序号</th><th>检查项目</th><th>允许偏差/mm</th><th>标准分</th><th>评分标准</th><th colspan="4">实测值</th><th>得分</th></tr>
<tr><td rowspan="2">1</td><td rowspan="2">抹灰厚度</td><td rowspan="2">±2</td><td rowspan="2">30</td><td rowspan="2">每增减 2 mm 扣 4 分</td><td>自查</td><td></td><td></td><td></td><td rowspan="2"></td></tr>
<tr><td>检查</td><td></td><td></td><td></td></tr>
<tr><td rowspan="2">2</td><td rowspan="2">阴阳角方正</td><td rowspan="2">4</td><td rowspan="2">20</td><td rowspan="2">每增加 1 mm 扣 4 分</td><td>自查</td><td></td><td></td><td></td><td rowspan="2"></td></tr>
<tr><td>检查</td><td></td><td></td><td></td></tr>
<tr><td rowspan="2">3</td><td rowspan="2">表面平整度</td><td rowspan="2">4</td><td rowspan="2">30</td><td rowspan="2">每增加 1 mm 扣 5 分</td><td>自查</td><td></td><td></td><td></td><td rowspan="2"></td></tr>
<tr><td>检查</td><td></td><td></td><td></td></tr>
<tr><td rowspan="2">4</td><td rowspan="2">立面垂直度</td><td rowspan="2">4</td><td rowspan="2">20</td><td rowspan="2">每增加 1 mm 扣 3 分</td><td>自查</td><td></td><td></td><td></td><td rowspan="2"></td></tr>
<tr><td>检查</td><td></td><td></td><td></td></tr>
<tr><td colspan="9">总分</td><td></td></tr>
</table>

5.2.5 实训日志

实训日志

日期： 年 月 日 天气：

班级		组别	
姓名		实训内容	

5.2.6 实训报告

实训报告

班级		组别	
姓名		起止时间	
实训项目			

参考文献

[1] 中华人民共和国住房和城乡建设部. 建筑施工扣件式钢管脚手架安全技术规范：JGJ 130—2011[S]. 北京：中国建筑工业出版社，2011.

[2] 中华人民共和国住房和城乡建设部. 建筑施工脚手架安全技术统一标准：GB 51210—2016[S]. 北京：中国建筑工业出版社，2016.

[3] 中华人民共和国住房和城乡建设部. 钢结构设计标准：GB 50017—2017[S]. 北京：中国建筑工业出版社，2017.

[4] 中华人民共和国住房和城乡建设部. 木结构设计标准：GB 50005—2017[S]. 北京：中国建筑工业出版社，2017.

[5] 中华人民共和国住房和城乡建设部. 混凝土结构工程施工质量验收规范：GB 50204—2015[S]. 北京：中国建筑工业出版社，2015.

[6] 中华人民共和国住房和城乡建设部. 混凝土结构工程施工规范：GB 50666—2011[S]. 北京：中国建筑工业出版社，2011.

[7] 中华人民共和国住房和城乡建设部. 砌体结构工程施工质量验收规范：GB 50203—2011[S]. 北京：中国建筑工业出版社，2011.

[8] 中华人民共和国住房和城乡建设部. 建筑装饰装修工程质量验收标准：GB 50210—2018[S]. 北京：中国建筑工业出版社，2018.

[9] 中华人民共和国住房和城乡建设部. 建筑工程施工质量验收统一标准：GB 50300—2013. 北京：中国建筑工业出版社，2013.

[10] 中华人民共和国住房和城乡建设部. 砌体结构工程施工规范：GB 50924—2014[S]. 北京：中国建筑工业出版社，2014.

[11] 中国国家标准化管理委员会. 烧结普通砖：GB/T 5101—2017[S]. 北京：中国标准出版社，2017.

[12] 中华人民共和国住房和城乡建设部. 建筑施工模板安全技术规范：JGJ 162—2008[S]. 北京：中国建筑工业出版社，2008.

[13] 中华人民共和国住房和城乡建设部. 砌体结构设计规范：GB 50003—2011[S]. 北京：中国计划出版社，2011.

[14] 中华人民共和国住房和城乡建设部. 砌筑砂浆配合比设计规程：JGJ/T 98—2010[S]. 北京：中国建筑工业出版社，2010.

[15] 中华人民共和国住房和城乡建设部. 建筑施工门式钢管脚手架安全技术标准：JGJ/T 128—2019[S]. 北京：中国建筑工业出版社，2019.

[16] 中华人民共和国住房和城乡建设部. 模板工职业技能标准：JGJ/T 462—2019[S]. 北京：中国建筑工业出版社，2019.

[17] 中华人民共和国住房和城乡建设部. 组合钢模板技术规范：GB/T 50214—2013[S]. 北京：中国计划出版社，2013.

[18] 中华人民共和国住房和城乡建设部. 组合铝合金模板工程技术规程：JGJ 386—

2016 [S]. 北京：中国建筑工业出版社，2016.

[19] 上海市住房和城乡建设管理委员会. 钢管扣件式木模板支撑系统施工作业规程：DG/TJ 08-2187-2015[S]. 上海：同济大学出版社，2015.

[20] 中华人民共和国建设部. 组合钢模板：JG/T 3060—1999 [S]. 北京：中国标准出版社，1999.

[21] 中华人民共和国住房和城乡建设部. 建筑施工模板安全技术规范：JGJ 162—2008[S]. 北京：中国建筑工业出版社，2008.

[22] 中华人民共和国住房和城乡建设部. 民用建筑设计统一标准：GB 50352—2019 [S]. 北京：中国建筑工业出版社，2019.